AF474545

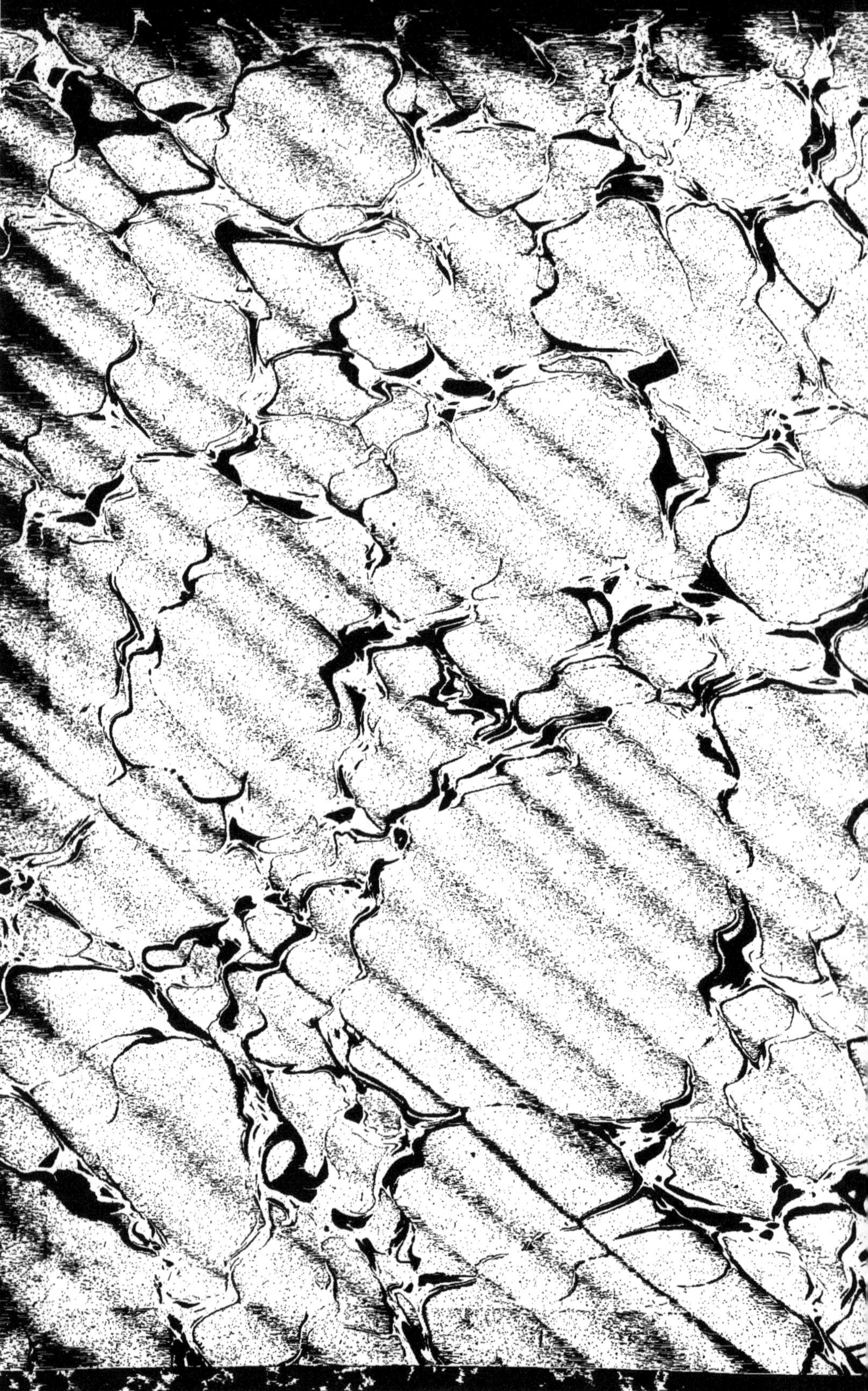

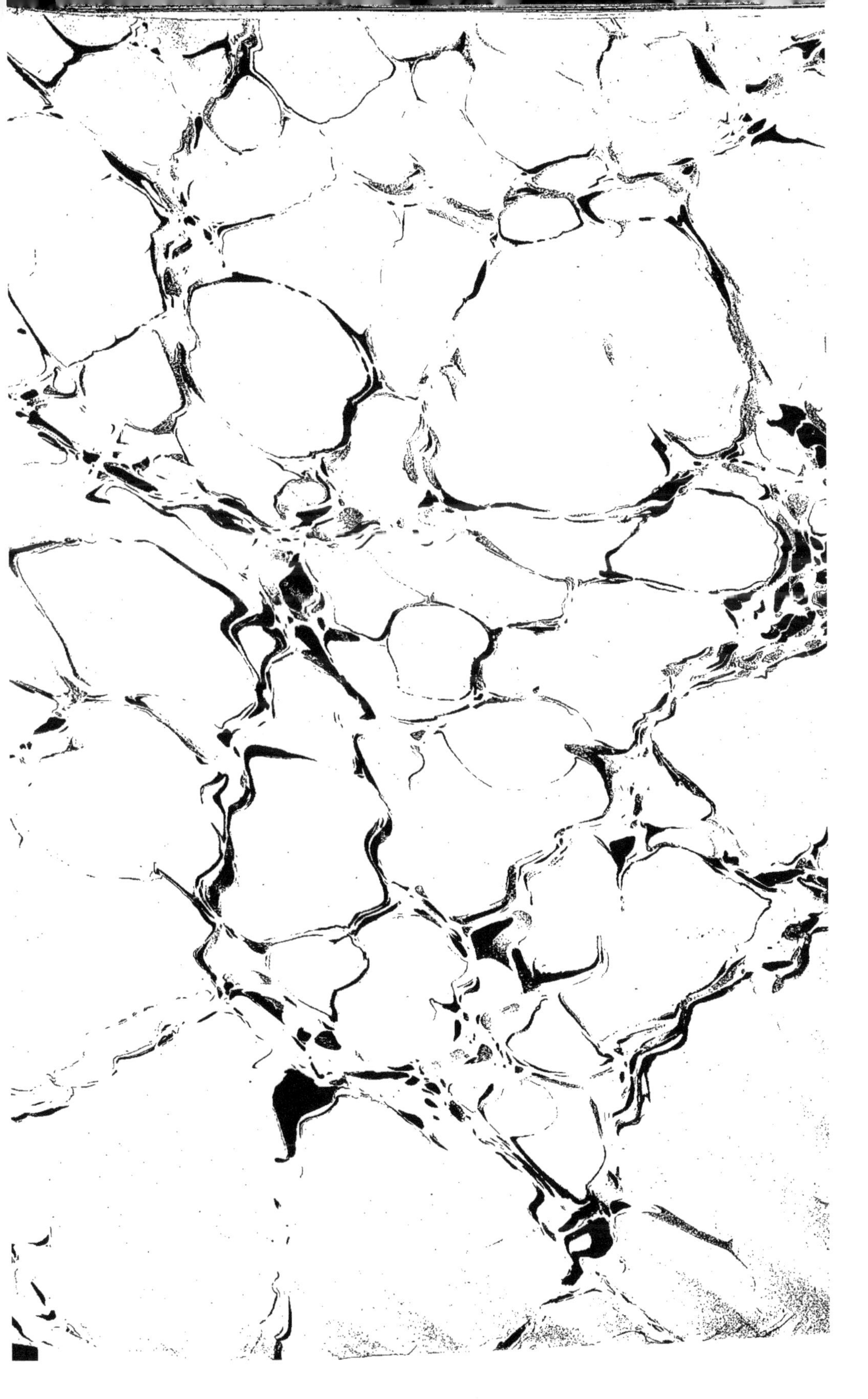

LES

MOLLUSQUES MARINS

DU ROUSSILLON

ATLAS

TOME II

MOLLUSQUES MARINS DU ROUSSILLON

TOME II **Pélécypodes.** PLANCHE 1

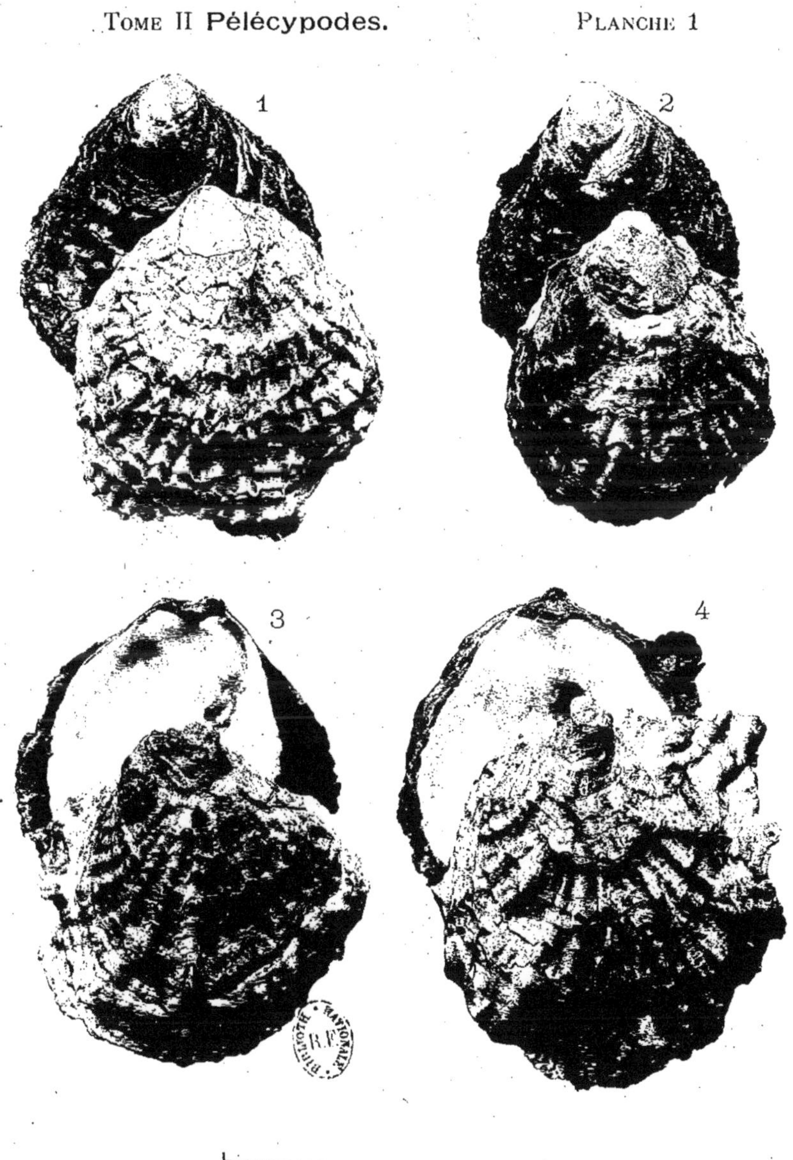

1. 4. Ostrea edulis Linné (type Cancale).

2. 3. » » Linné (type Marennes).

Bucquoy, Dautzenberg & G. Dollfus.

MOLLUSQUES MARINS DU ROUSSILLON

TOME II Pélécypodes. PLANCHE 2

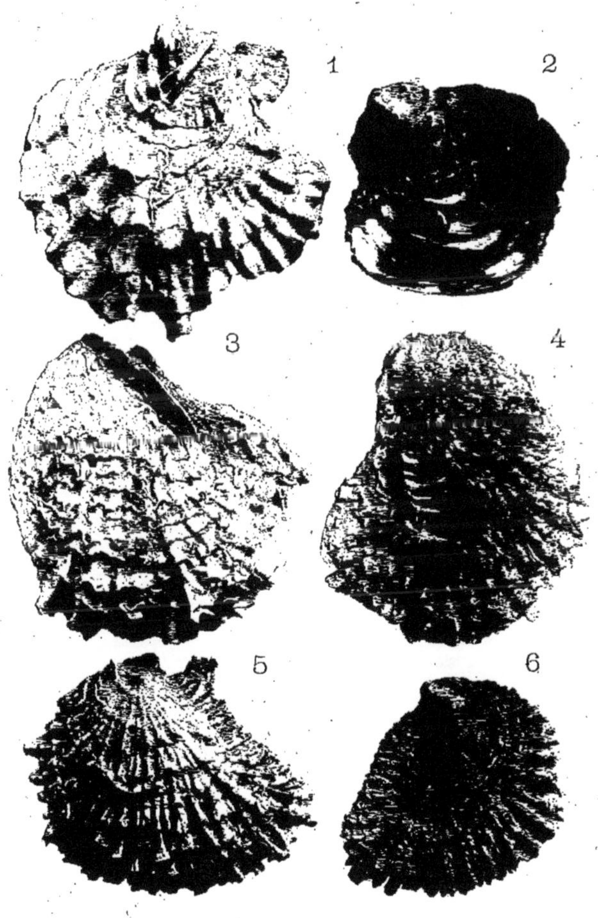

1. 2.. Ostrea edulis Linné var. cristata (Born) auct.

3. 4. » » » var. tarentina Issel.

5. 6. » » » var. adriatica Lamarck.

Bucquoy, Dautzenberg & G. Dollfus.

MOLLUSQUES MARINS DU ROUSSILLON

TOME II Pélécypodes. PLANCHE 3

1. 2. 3. 4. 5. Ostrea Boblayi Deshayes (Etang de Diane — Corse).

Bucquoy, Dautzenberg & G. Dollfus.

MOLLUSQUES MARINS DU ROUSSILLON

TOME II **Pélécypodes.** PLANCHE 4

1. 2. Ostrea edulis Linné var. lamellosa Brocchi (Roussillon).

3. 4 Ostrea edulis Linné var. lamellosa Brocchi (Cette).

Bucquoy, Dautzenberg & G. Dollfus.

MOLLUSQUES MARINS DU ROUSSILLON

TOME II **Pélécypodes.** PLANCHE 5

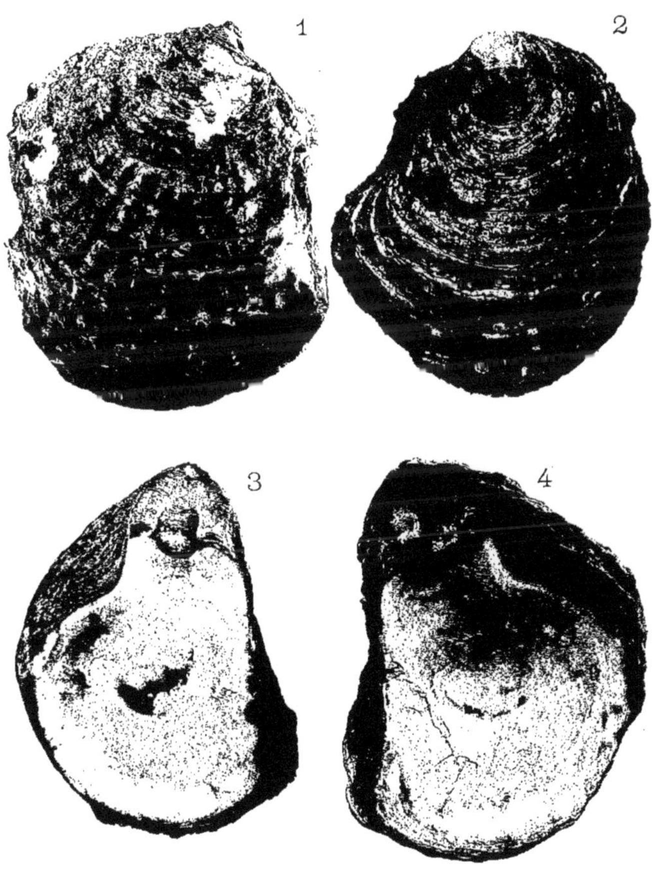

1. 2. 3. 4. Ostrea edulis Linné var. lamellosa Brocchi (Mer du Nord).

Bucquoy, Dautzenberg & G. Dollfus.

MOLLUSQUES MARINS DU ROUSSILLON

TOME II. **Pélécypodes.** PLANCHE 6.

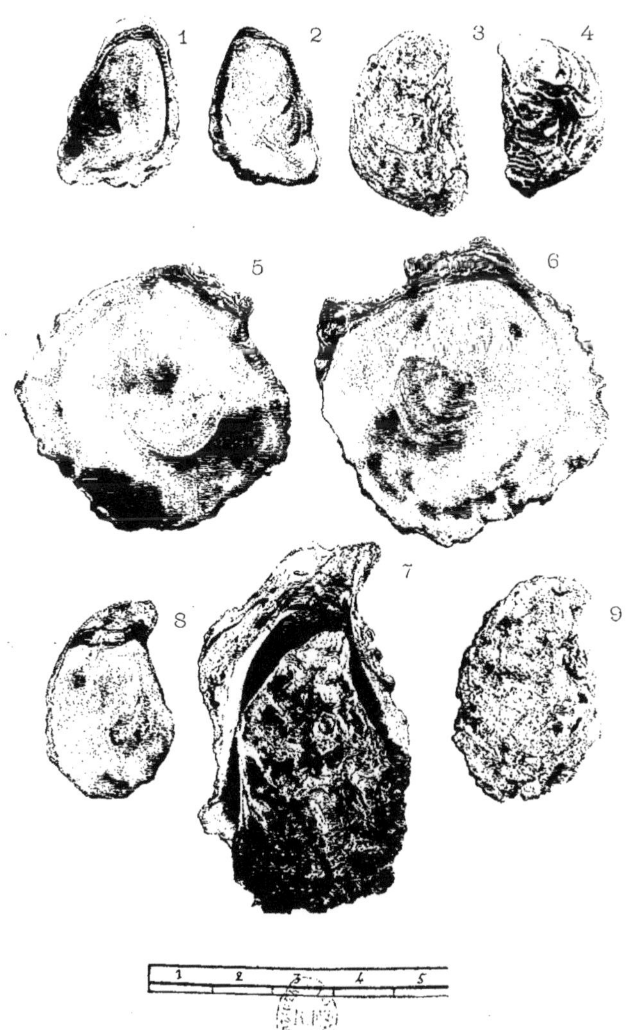

1. 2. 3. 4. Ostrea stentina Payraudeau.
5. 6. » » var. Isseli B. D. D.
7. 8. 9. » » var. Pepratxi B. D. D.

Bucquoy, Dautzenberg et G, Dollfus.

MOLLUSQUES MARINS DU ROUSSILLON

TOME II. **Pélécypodes.** PLANCHE 7

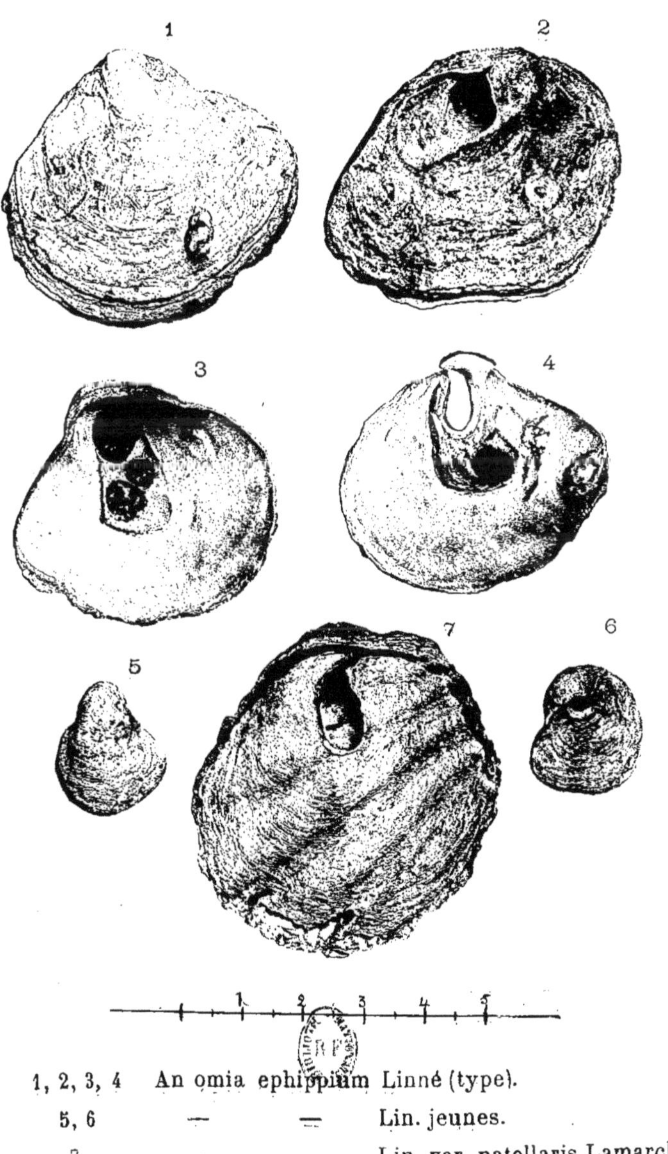

1, 2, 3, 4	Anomia	ephippium	Linné (type).
5, 6	—	—	Lin. jeunes.
7	—	—	Lin. var. patellaris Lamarck.

Bucquoy, Dautzenberg et G. Dollfus.

MOLLUSQUES MARINS DU ROUSSILLON

TOME II. **Pélécypodes.** PLANCHE 8

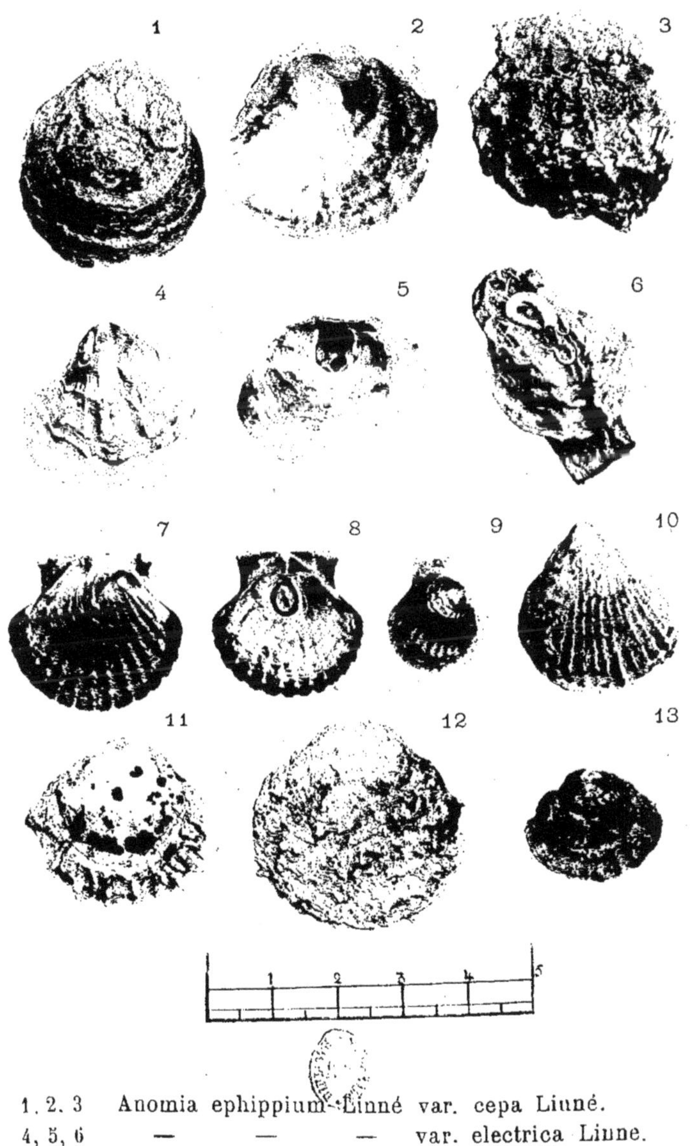

1, 2, 3	Anomia ephippium Linné	var.	cepa Linné.
4, 5, 6	— —	—	var. electrica Linne.
7, 8. 9, 10	— —	—	var. radiata Brocchi.
11, 12, 13	— —	—	var. aspera Philippi.

Bucquoy, Dautzenberg et G. Dollfus.

MOLLUSQUES MARINS DU ROUSSILLON

TOME II. **Pélécypodes.** PLANCHE 9

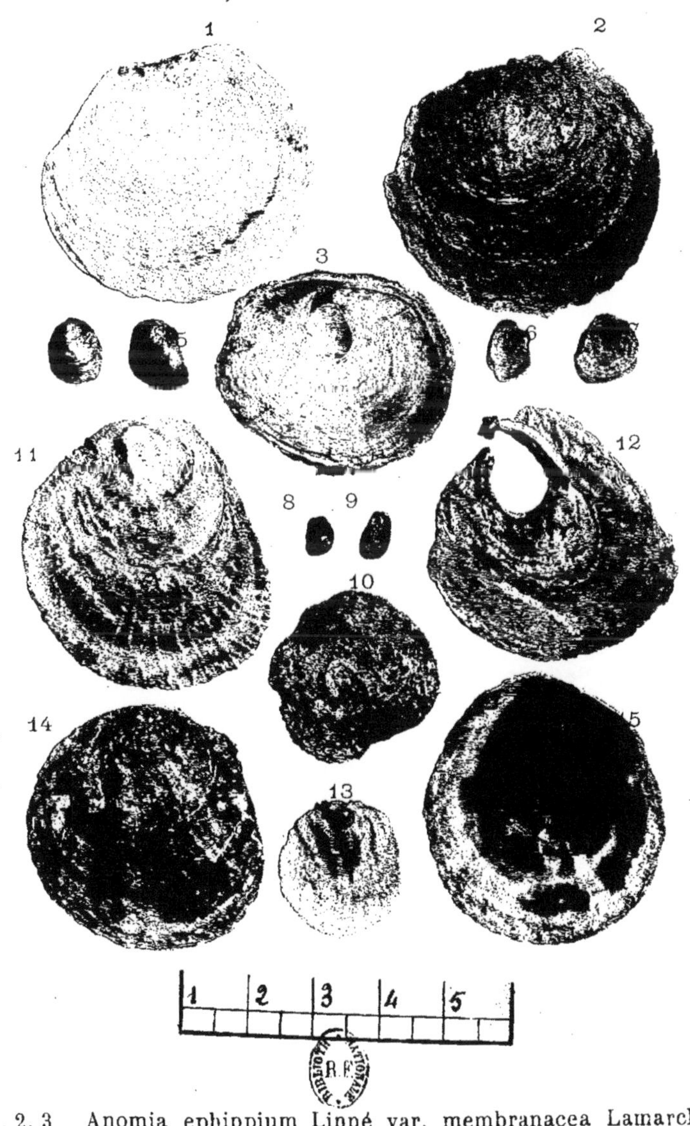

1, 2, 3	Anomia ephippium Linné	var. membranacea Lamarck.	
4, 5, 6, 7	— — —	var. squamula Linné.	
8, 9	— — —	var. cylindrica Gmelin.	
10	— patelliformis Linné		
11, 12	— — —	var. elegans Philippi.	
13	— — —	var. undulata Gmelin.	
14, 15	— glauca Monterosato.		

Bucquoy, Dautzenberg et G. Dollfus.

MOLLUSQUES MARINS DU ROUSSILLON

TOME II. **Pélécypodes.** PLANCHE 10

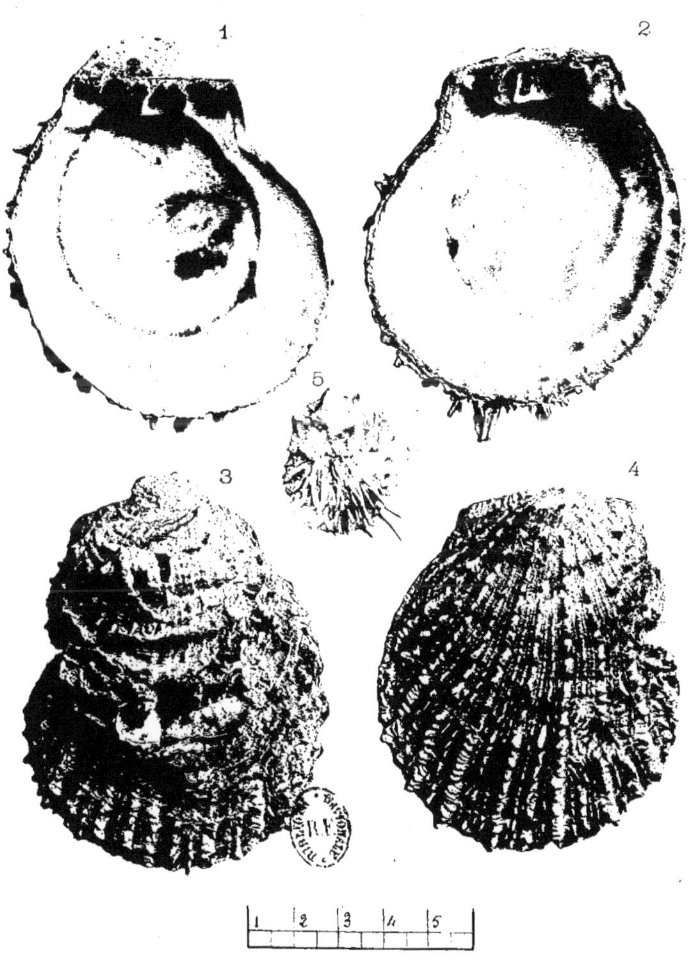

1, 2, 3, 4 Spondylus gaederopus Linné.
5 — — — var. aculeata (jeune).

Bucquoy, Dautzenberg et G. Dollfus.

MOLLUSQUES MARINS DU ROUSSILLON

Tome II. **Pélécypodes.** Planche 11

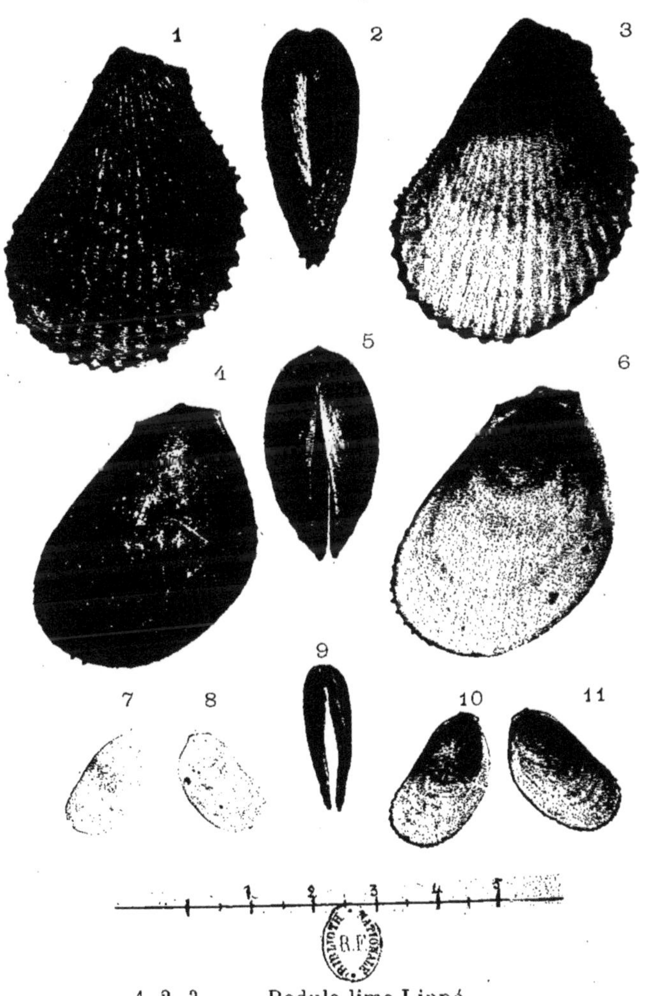

1, 2, 3 Radula lima Linné.
4, 5, 6 — inflata Chemnitz.
7, 8, 9, 10, 11 — hians Gmelin.

Bucquoy, Dautzenberg et G. Dollfus.

MOLLUSQUES MARINS DU ROUSSILLON

TOME II. **Pélécypodes.** PLANCHE 12.

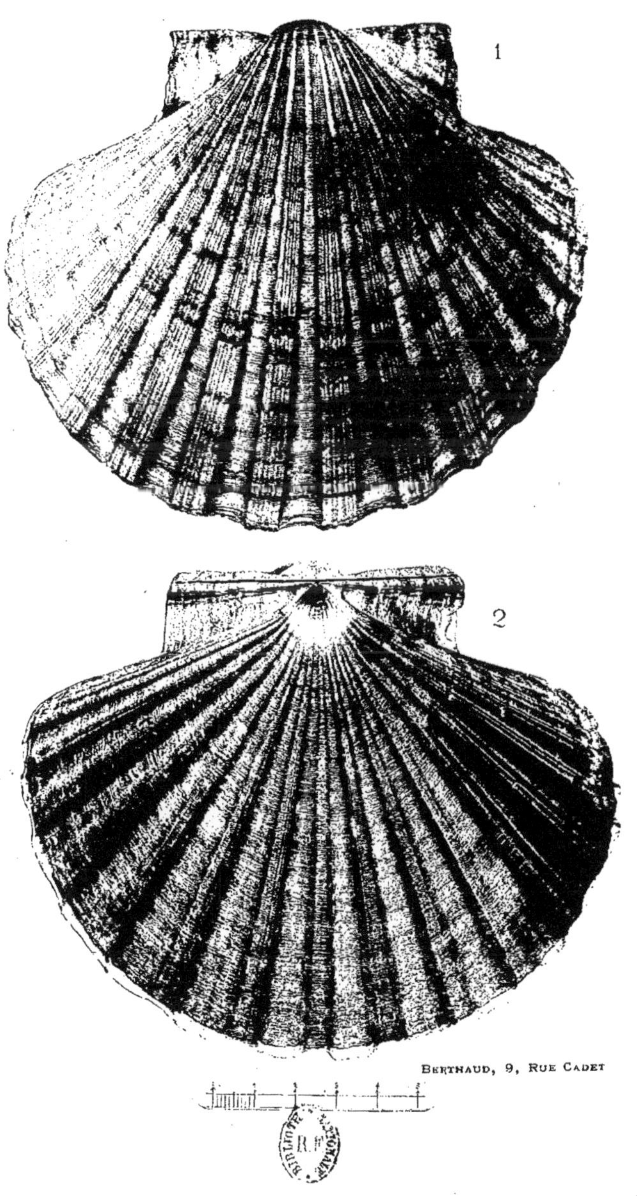

1. 2. Pecten jacobaeus Linné, Méditerranée.

Bucquoy, Dautzenberg & G. Dollfus.

MOLLUSQUES MARINS DU ROUSSILLON

TOME II. **Pélécypodes.** PLANCHE 13.

1. 2. 3. 4. 6. 7. Pecten jacobaeus Linné (jeune âge). Roussillon

5. » » var. maculata Monterosato.

Bucquoy, Dautzenberg & G. Dollfus.

MOLLUSQUES MARINS DU ROUSSILLON

TOME II. **Pélécypodes.** PLANCHE 14.

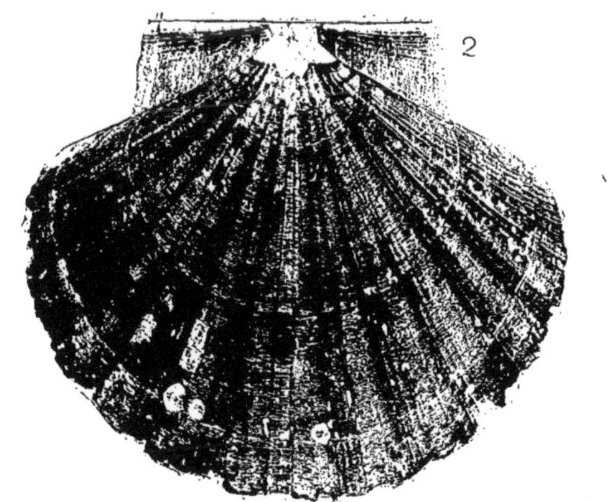

BERTHAUD, 9, RUE CADET

1. 2. Pecten maximus Linné. Manche.

Bucquoy, Dautzenberg & G. Dollfus.

MOLLUSQUES MARINS DU ROUSSILLON

Tome II. **Pélécypodes.** Planche 15.

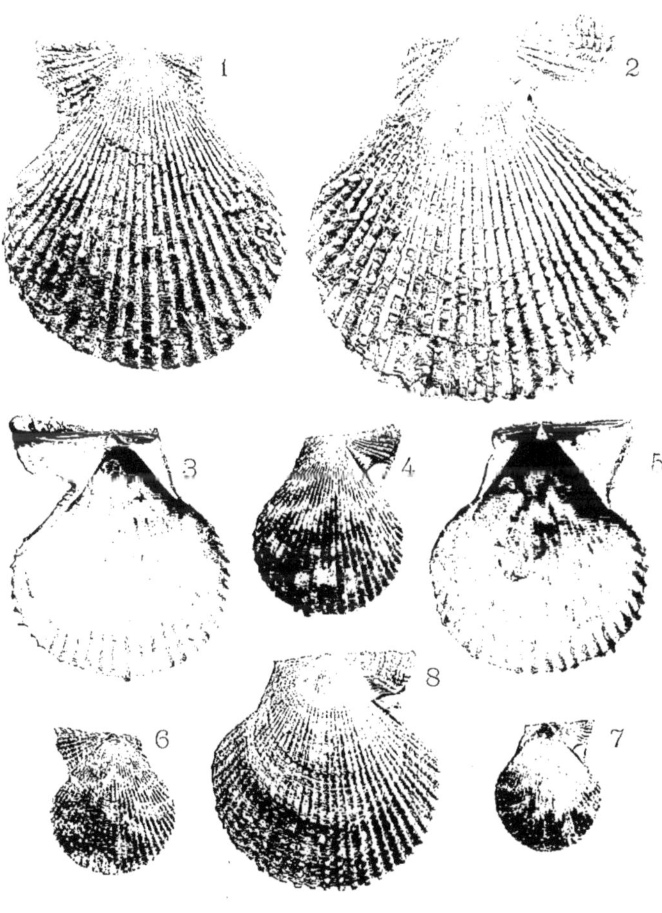

Berthaud, 9, Rue Cadet

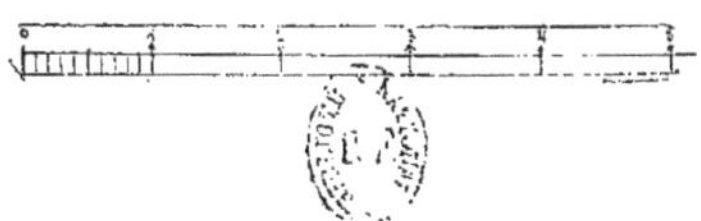

1. 2. 3. 4. 5. Pecten varius Linné, Port-Vendres.

6. 7. » » » Penbron (Loire-Inférieure).

8. » » var. rotundata Locard-Penbron.

Bucquoy, Dautzenberg & G. Dollfus.

TOME II. **Pélécypodes.** PLANCHE 16.

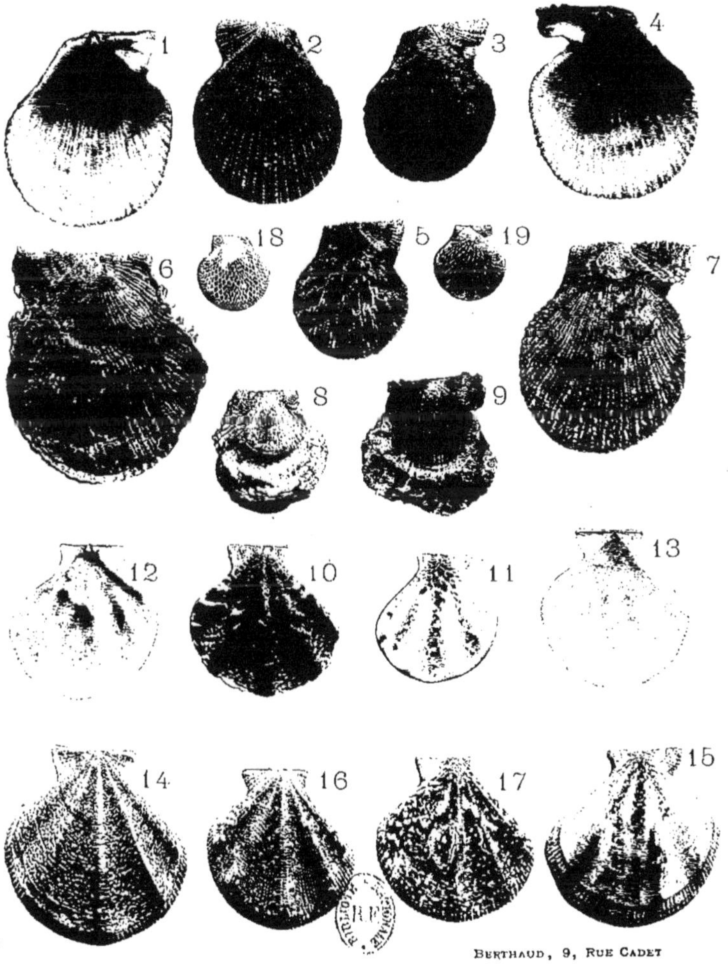

BERTHAUD, 9, RUE CADET

1. 2. 3. 4.	Pecten multistriatus Poli, Méditerranée.
5.	» » » Brest.
6. 7. 8. 9.	» distortus Da Costa, Brest.
10. 11.	» clavatus Poli.
12. 13. 14. 15.	» » var inflexa Poli.
16.	» » var. Dumasi Payraudeau Méditerranée.
17.	» » » » » Golfe de Gascogne
18. 19.	« incomparabilis Risso.

Bucquoy, Dautzenberg & G. Dollfus.

MOLLUSQUES MARINS DU ROUSSILLON

TOME II. **Pélécypodes.** PLANCHE 17.

1. 2. Pecten opercularis Linné var. transversa Clément.

3. 4. 5. 6. 7. 8. » » » var. Audouini Payraudeau.

Bucquoy, Dautzenberg & G. Dollfus.

MOLLUSQUES MARINS DU ROUSSILLON

TOME II. **Pélécypodes.** PLANCHE 18.

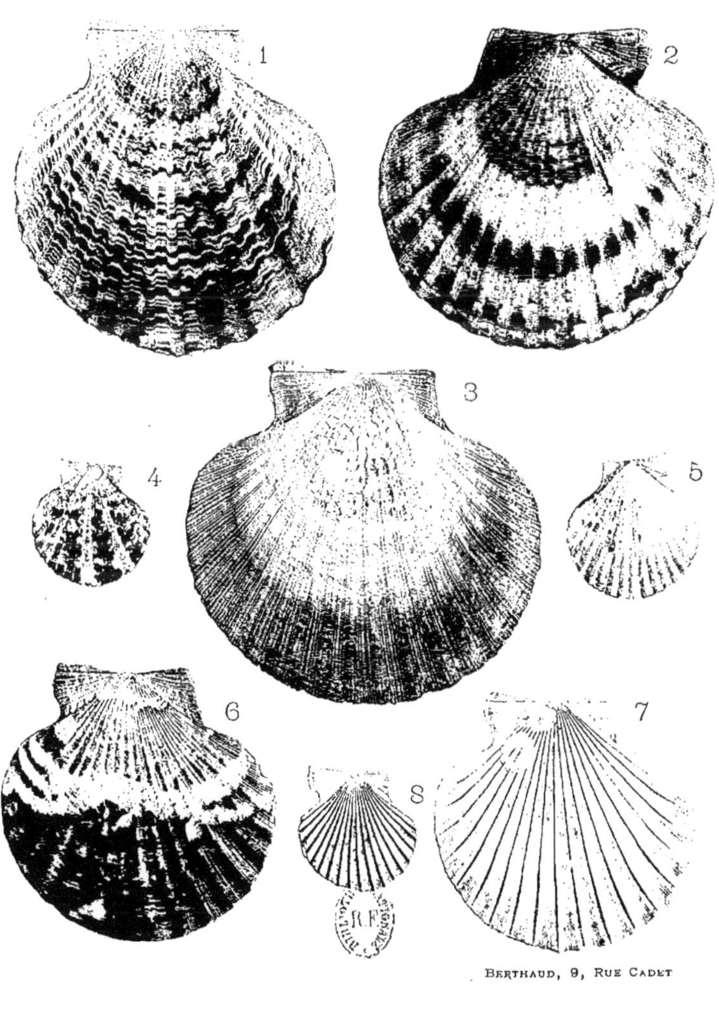

BERTHAUD, 9, RUE CADET

1.	Pecten opercularis Linné (type), Le Croisic.		
2.	»	»	var. bicolor Locard, Dieppe.
3.	»	»	var. aspera B. D. D. Dieppe.
4. 5.	»	»	var. elongata Jeffreys, Golfe de Gascogne.
6.	»	»	var. marmorata Locard, Le Croisic.
7. 8.	»	»	var. lineata Da Costa, Le Croisic.

Bucquoy, Dautzenberg & G. Dollfus.

MOLLUSQUES MARINS DU ROUSSILLON

Tome II. **Pélécypodes.** Planche 19.

1 2

3 4

5 6

Berthaud, 9, Rue Cadet

1. 2. Pecten glaber Linné (type).

3. 4. 5. 6. » » var. distans Lamarck.

Bucquoy, Dautzenberg & G. Dollfus.

MOLLUSQUES MARINS DU ROUSSILLON

TOME II. **Pélécypodes.** PLANCHE 20.

BERTHAUD, 9, RUE CADET

1. 2. Pecten glaber Linné var. sulcata Born, Roussillon.

3. » » » var. pontica B. D. D. Mer noire.

4. 5. 6. » proteus Linné (type) Adriatique.

7. 8. » » » var. praeterita B. D. D.

Bucquoy, Dautzenberg & G. Dollfus.

MOLLUSQUES MARINS DU ROUSSILLON

Tome II. **Pélécypodes.** Planche 21.

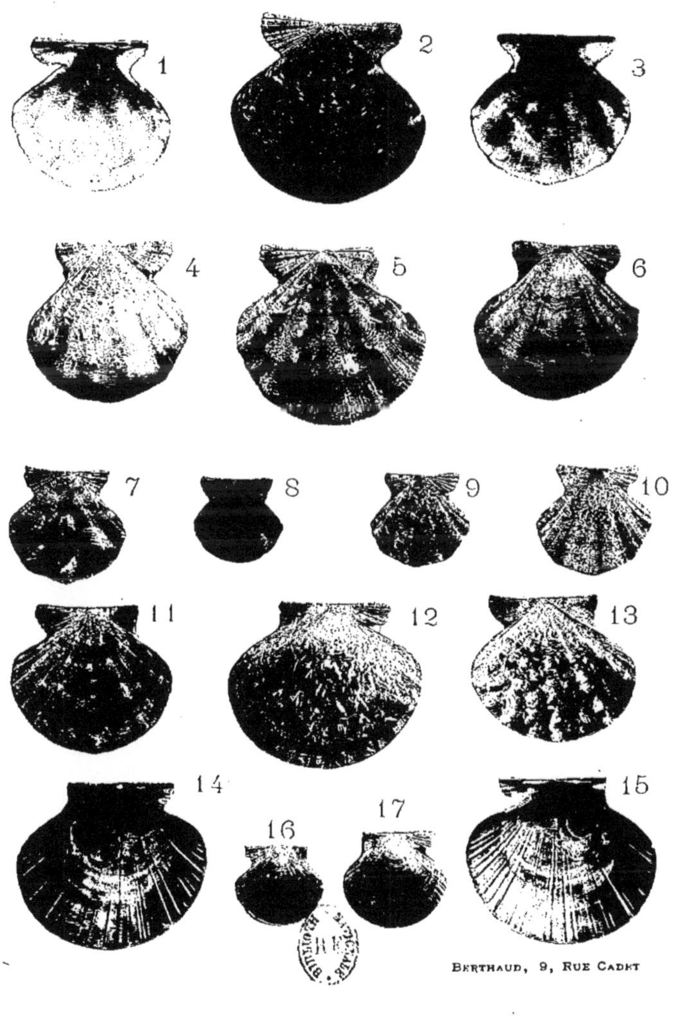

2. Pecten flexuosus Poli.
1. 3. 4. » » var. pyxoidea Locard.
5. » » var. duplicata Locard.
9. » » var. biradiata Tiberi.
7. 8. 6. 10. » » (jeune âge).
11. » hyalinus Poli.
12. 13. » » var. semicostata Monterosato.
14. 15. » » var. succinea Risso.
16. 17. » » » » (jeune âge).

Bucquoy, Dautzenberg & G. Dollfus.

MOLLUSQUES MARINS DU ROUSSILLON

Tome II. **Pélécypodes.** Planche 22.

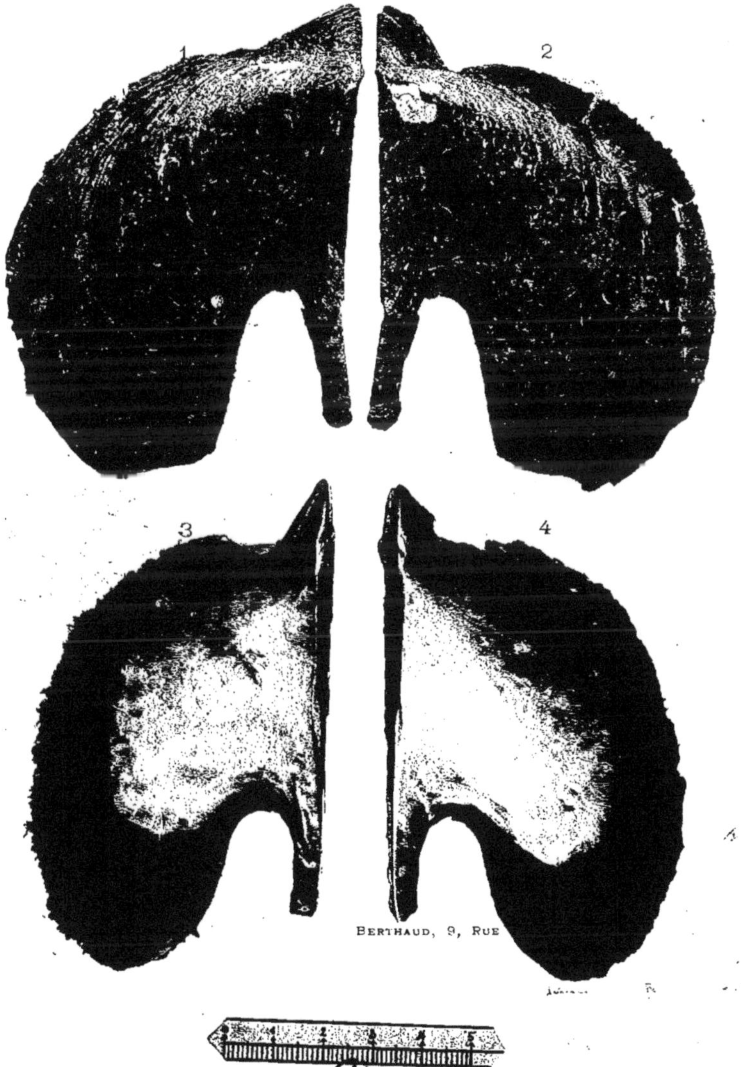

1 2

3 4

Berthaud, 9, Rue

1. 2. Avicula hirundo Linné. Arcachon.

3. 4. » » » Roussillon.

Bucquoy, Dautzenberg & G. Dollfus.

MOLLUSQUES MARINS DU ROUSSILLON

TOME II. **Pélécypodes.** PLANCHE 23.

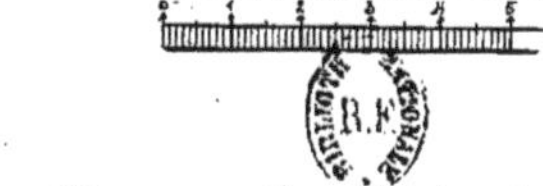

1. Pinna pectinata Linné
2. » » var. angusta Weinkauff.
3. » » var. spinulosa B. D. D.

Bucquoy, Dautzenberg & G. Dollfus.

MOLLUSQUES MARINS DU ROUSSILLON

TOME II. **Pélécypodes.** PLANCHE 24.

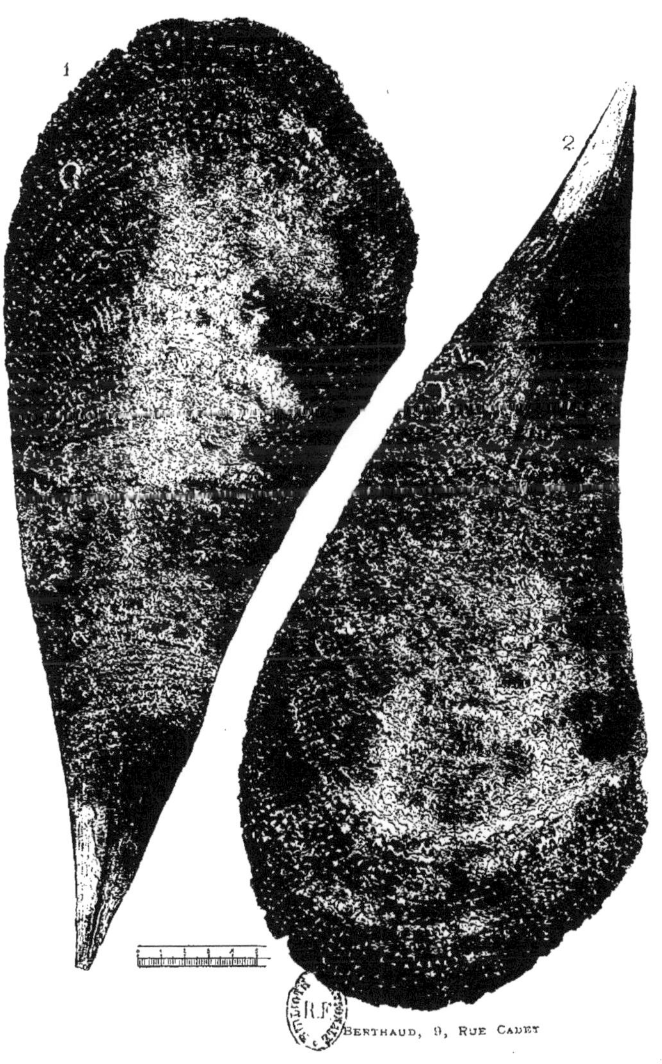

1. 2. Pinna nobilis Linné.

Bucquoy, Dautzenberg & G. Dollfus.

MOLLUSQUES MARINS DU ROUSSILLON

TOME II. **Pélécypodes.** PLANCHE 25.

BERTHAUD, 9, RUE CADET

1. 2. 3. 4. Mytilus gallo-provincialis Lamarck (type), (Roussillon).
5. » » var. herculea Monterosato. (Roussillon).
6. 7. » » var. dilatata Philippi. (Roussillon).
8. 9. » » var. pelecina Locard. (Arcachon).
10. 11. » » var. acrocyrta Locard. (Roussillon).
12. 13. » » » » » (Croisic).

Bucquoy, Dautzenberg & G. Dollfus.

MOLLUSQUES MARINS DU ROUSSILLON

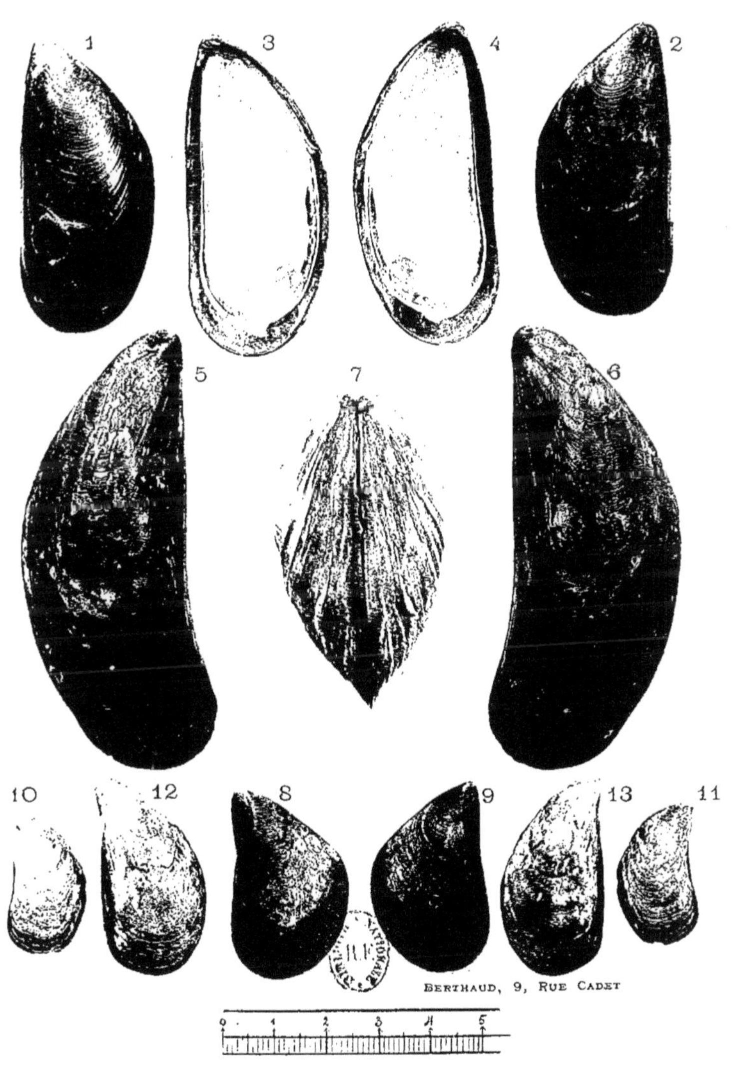

1. 2. Mytilus edulis Linné (type). (Esnandes).
3. 4. » » » » (Angleterre).
5. 6. » » » var. elegans Brown. (Brest).
7. » » » var. obesa. B. D. D. (Villers-sur-mer).
8. 9. » » » var. abbreviata Lamarck. (Berck-sur-mer).
10. 11. » » » var. uncinata. B. D. D. (Royan).
12. 13. » » » » » » (St-Lunaire).

Bucquoy, Dautzenberg & G. Dollfus.

MOLLUSQUES MARINS DU ROUSSILLON

Tome II. **Pélécypodes.** Planche 27.

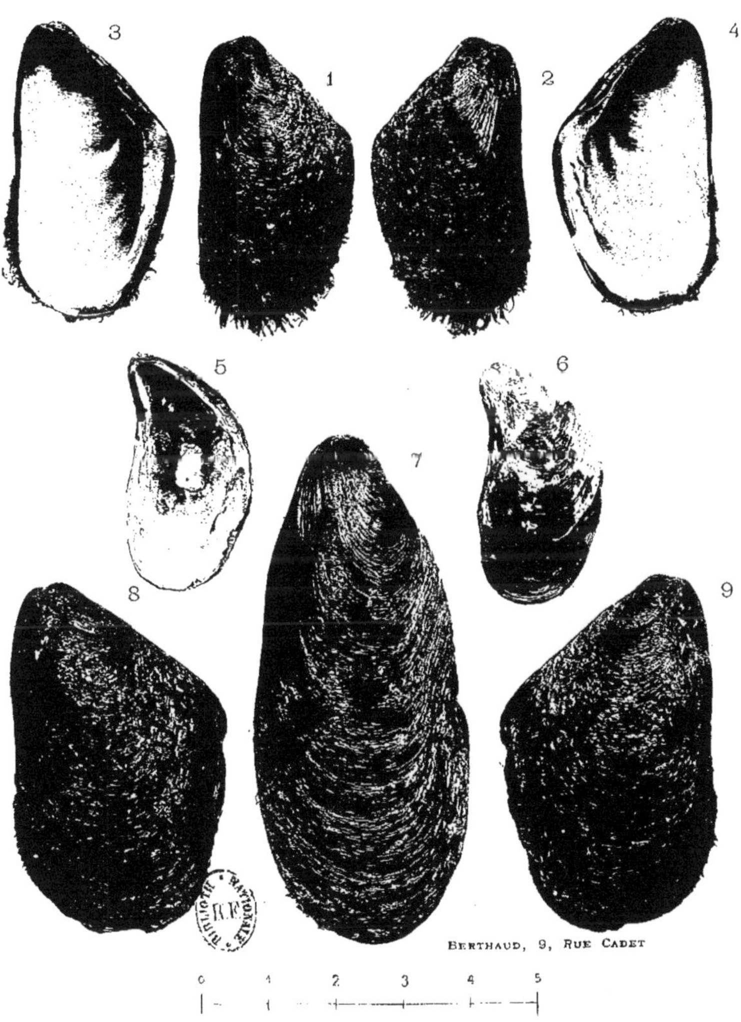

1. 2. 3. 4. Modiola barbata Linné.

5. 6. » » var. curvata Locard. (Croisic).

7 » » var. angustata Philippi. (Brest).

8. 9. » » var dilatata Philippi. (Brest).

Bucquoy, Dautzenberg & G. Dollfus.

MOLLUSQUES MARINS DU ROUSSILLON

Tome II. **Pélécypodes.** Planche 28.

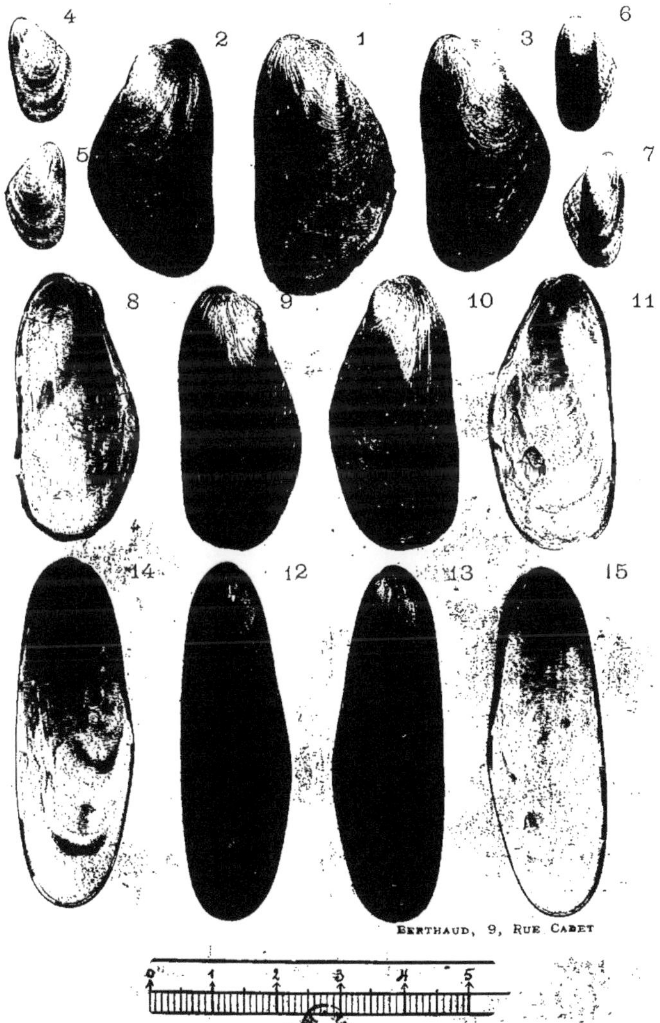

Berthaud, 9, Rue Cadet

1. Modiolia adriatica Lamarck. (Toulon).
2. 3. » » var. radiata Hanley (Tenby).
4. 5. 6. 7. » » » » juv. (Croisic).
8. 9. 10. 11. » » var. (Roussillon).
12. 13. Lithodomus lithophaga Linné. (Roussillon).
14. 15. » » » (Marseille).

Bucquoy, Dautzenberg & G. Dollfus.

MOLLUSQUES MARINS DU ROUSSILLON

TOME II. **Pélécypodes.** PLANCHE 29.

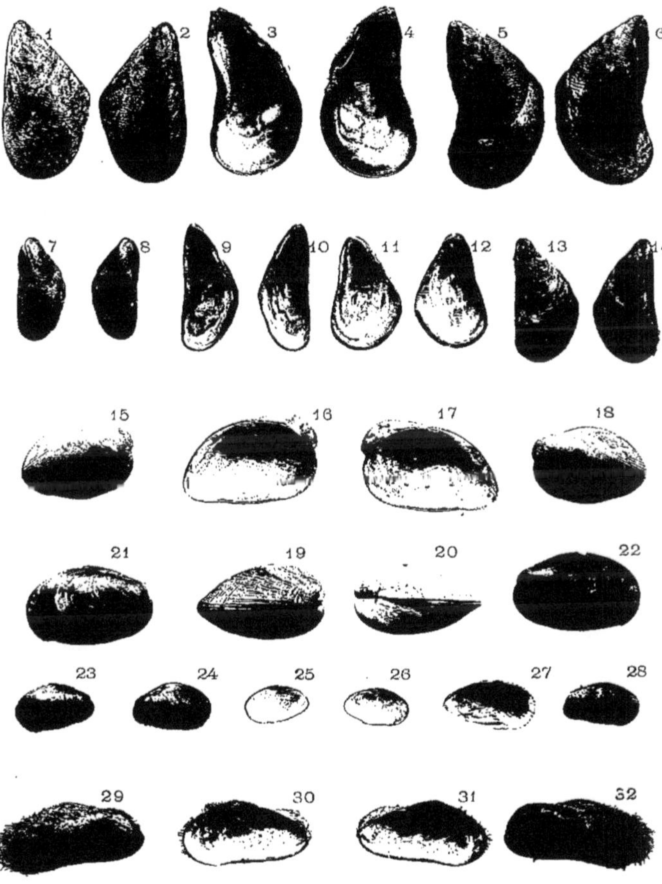

BERTHAUD, 9, RUE CADET

1. 2.	Mytilus lineatus Lamarck (type).
3. 4. 5. 6.	» » var. Lamarcki. B. D. D. (Venise).
7. 8. 9. 10.	» minimus Poli.
11. 12. 13. 14.	» solidus H. Martin.
15. 16. 17. 18. 19. 20.	Modiolaria marmorata Forbes.
21. 22.	» discors Linné (Danemark).
23. 24. 25. 26. 27. 28.	» costulata Risso.
29. 30. 31. 32.	» sulcata Risso.

Bucquoy, Dautzenberg & G. Dollfus.

MOLLUSQUES MARINS DU ROUSSILLON

TOME II. **Pélécypodes.** PLANCHE 30.

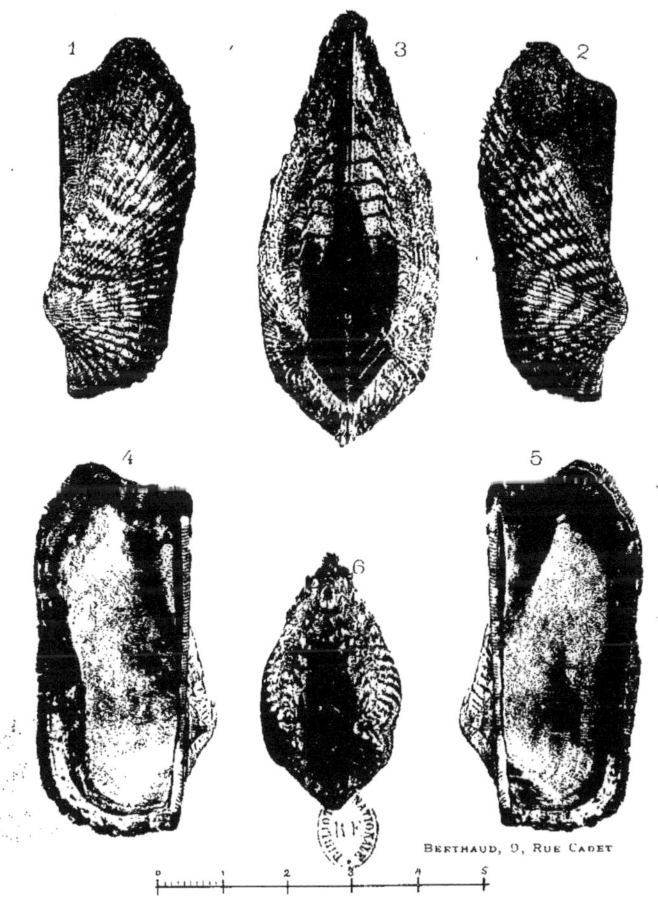

1. 2. Arca Noe Linné, Porto Vecchio.

3. 4. 5. » » » Roussillon.

6. » » var. abbreviata B. D. D. Roussillon.

Bucquoy, Dautzenberg & G. Dollfus.

MOLLUSQUES MARINS DU ROUSSILLON

TOME II. **Pélécypodes.** PLANCHE 31.

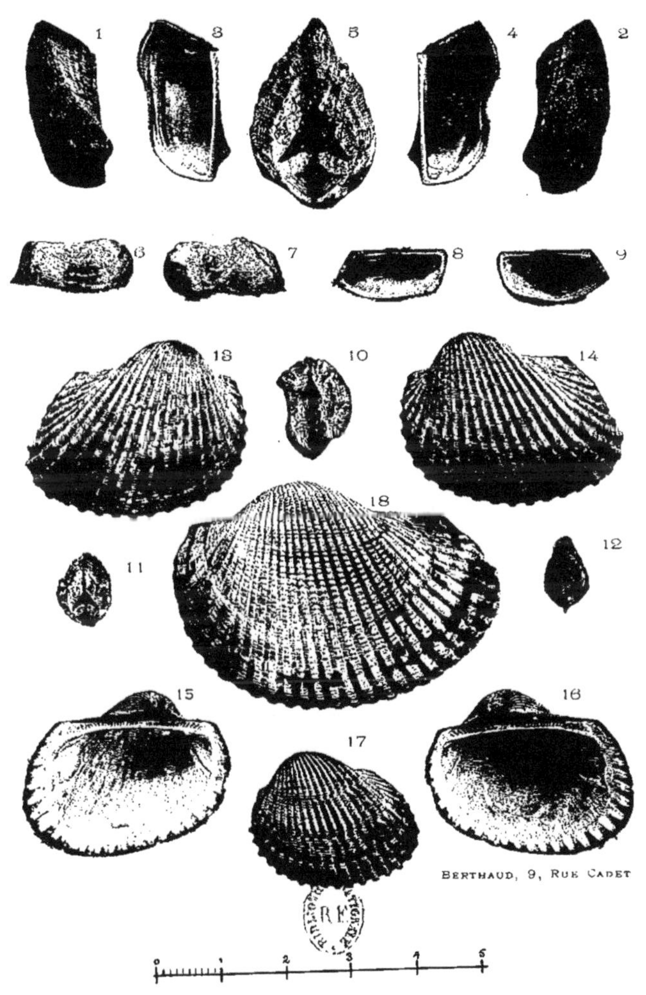

1. 2. 3. 4.	Arca tetragona Poli. Naples.
5.	» » » Roussillon.
6. 7. 8. 9. 10. 11. 12.	» » var. cardissa Lamarck. Bretagne.
13. 14.	» diluvii Lamarck. Marseille.
15. 16.	» » » Banyuls.
17.	» » » Bône.
18.	» corbuloides Monterosato. Naples.

Bucquoy, Dautzenberg & G. Dollfus.

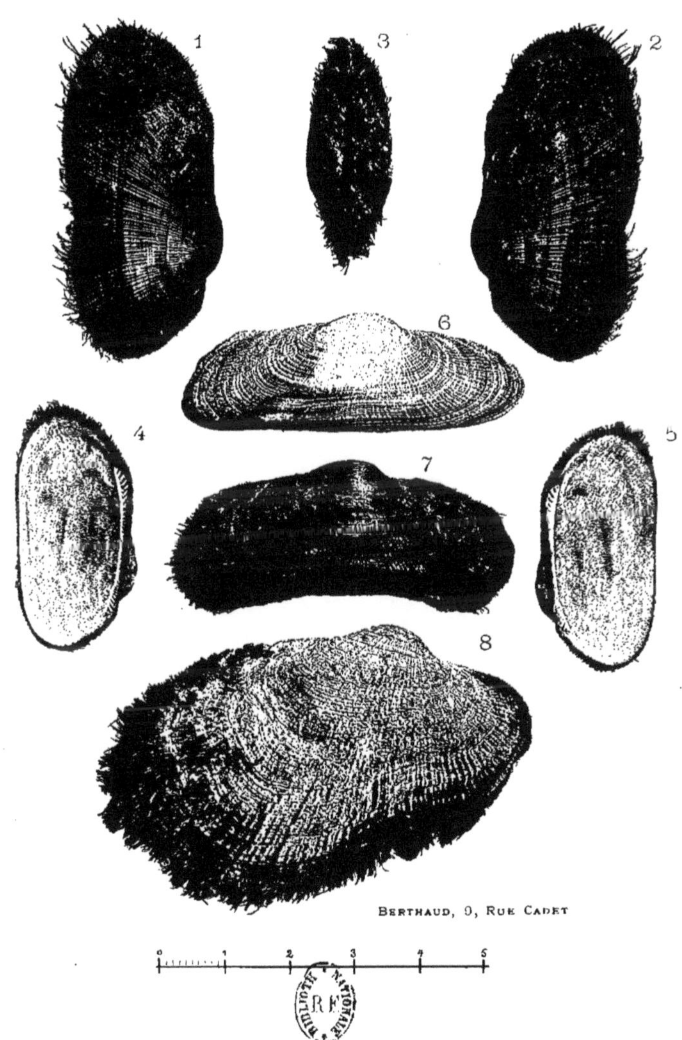

1. 2. 3. 4. 5. Arca barbata Linné. Roussillon.
6. » » var. elongata B. D. D. Bône.
7. » » var. contracta B. D. D. Roussillon.
8. » » var. expansa B. D. D.

Bucquoy, Dautzenberg & G. Dollfus.

MOLLUSQUES MARINS DU ROUSSILLON

TOME II. **Pélécypodes.** PLANCHE 33.

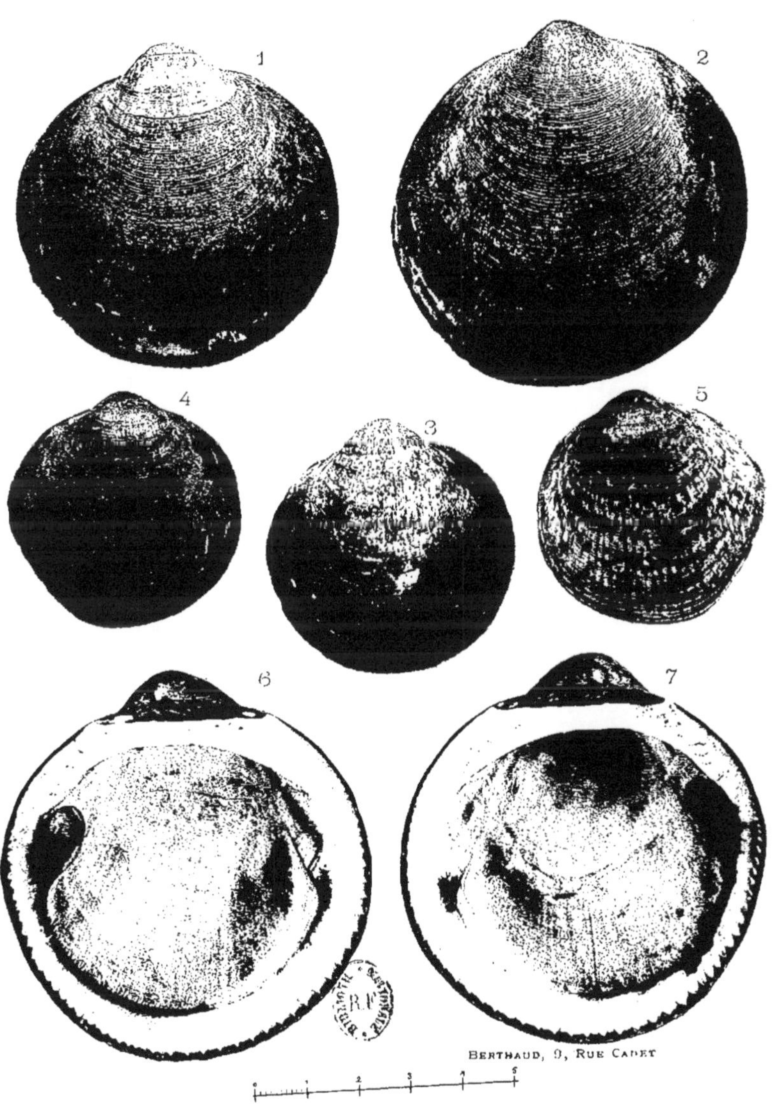

1.	Pectunculus pilosus Linné (type) Roussillon.		
2.	»	»	var. irregularis B. D. D. Naples.
3. 6. 7.	»	»	var. tumida B. D. D. Roussillon.
4. 5.	»	»	var. truncata B. D. D. id.

Bucquoy, Dautzenberg & G. Dollfus.

MOLLUSQUES MARINS DU ROUSSILLON

TOME II. **Pélécypodes.** PLANCHE 34.

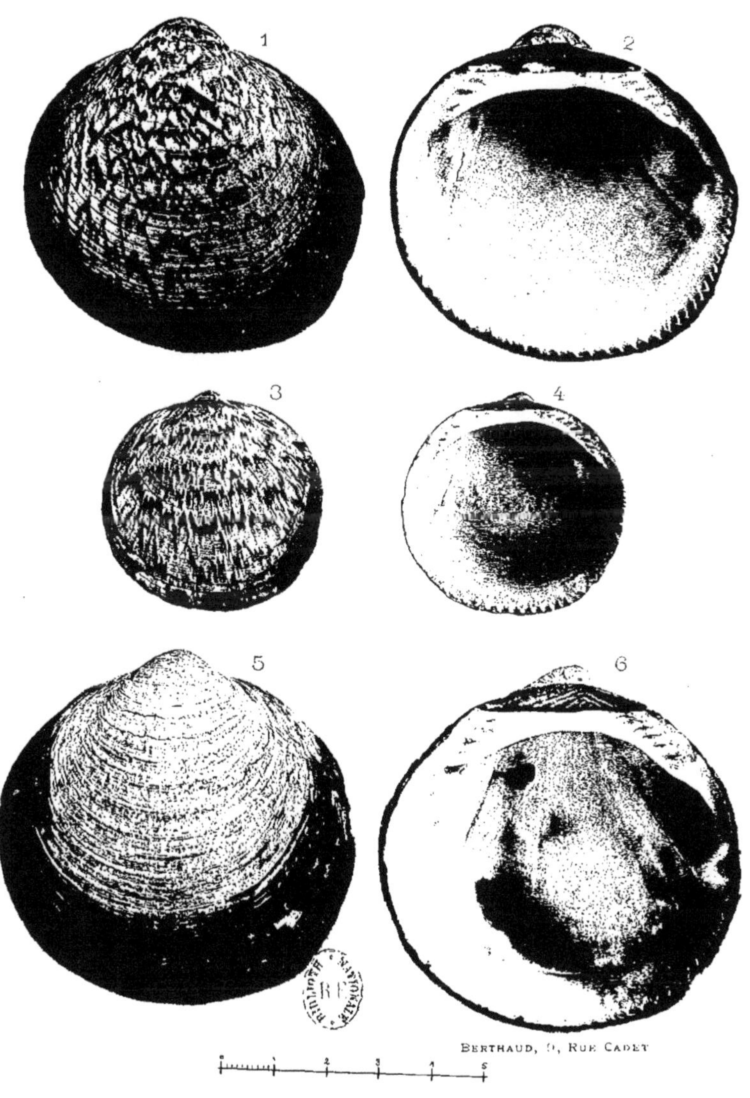

1. 2 Pectunculus glycymeris Linné (type) Cancale.

3. 4. » » » Roussillon.

5. 6. » » » var. Bavayi B. D. D. Brest.

Bucquoy, Dautzenberg & G. Dollfus.

MOLLUSQUES MARINS DU ROUSSILLON

TOME II. **Pélécypodes.** PLANCHE 35.

BERTHAUD, 9, RUE CADET

1. 2. Pectunculus bimaculatus Poli.

Bucquoy, Dautzenberg & G. Dollfus.

MOLLUSQUES MARINS DU ROUSSILLON

Tome II. **Pélécypodes.** Planche 36.

1. 2. 3. 4. Pectunculus violacescens Lamarck, Roussillon.
5. » » var. obliqua Rayn. et Ponzi, Chioggia.
6. 7. » » var. solida B. D. D. Fontarabie.

Bucquoy, Dautzenberg & G. Dollfus.

MOLLUSQUES MARINS DU ROUSSILLON

TOME II. **Pélécypodes.** PLANCHE 37.

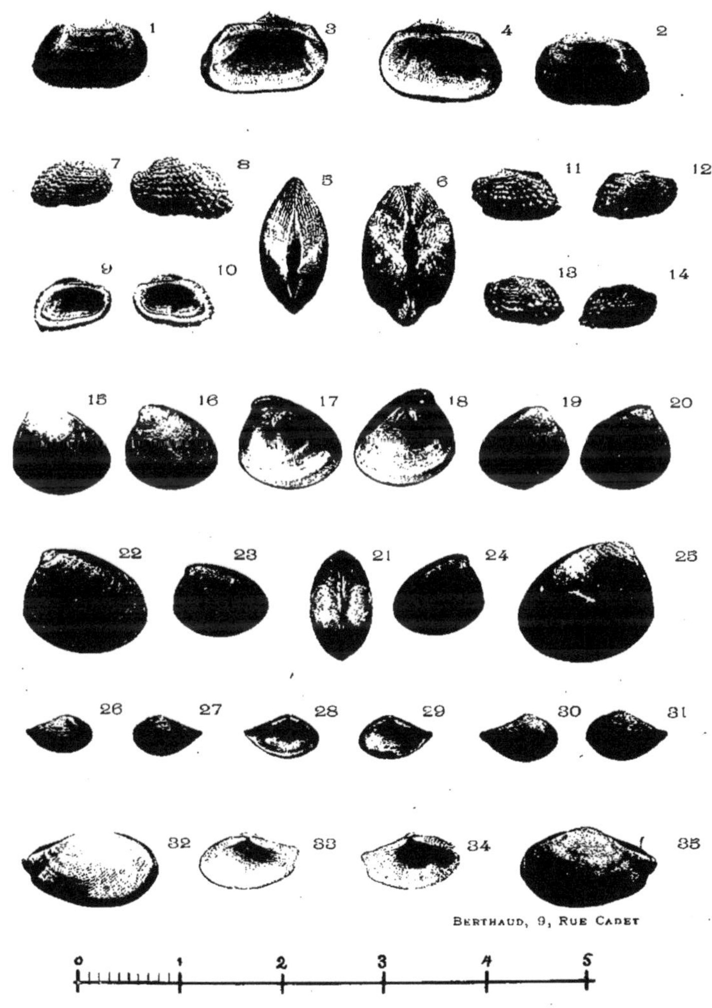

1. 2. 3. 4. 5.	Arca lactea Linné. Roussillon.
6.	» » var. Gaimardi Payr. Toulon.
7. 8. 9. 10. 11. 12. 13. 14.	» pulchella Reeve. Banyuls, etc.
15. 16. 17. 18. 19. 20. 21	Nucula nucleus Linné. Roussillon, etc.
22. 23. 24. 25.	» » var. radiata Forbes et Hanley. St-Malo.
26. 27. 28. 29.	Leda fragilis Chemnitz. Roussillon et Palerme.
30. 31.	» » » Belle Ile.
32. 33. 34. 35.	» pella Linné.

Bucquoy, Dautzenberg & G. Dollfus.

MOLLUSQUES MARINS DU ROUSSILLON

TOME II. Pélécypodes. PLANCHE 52.

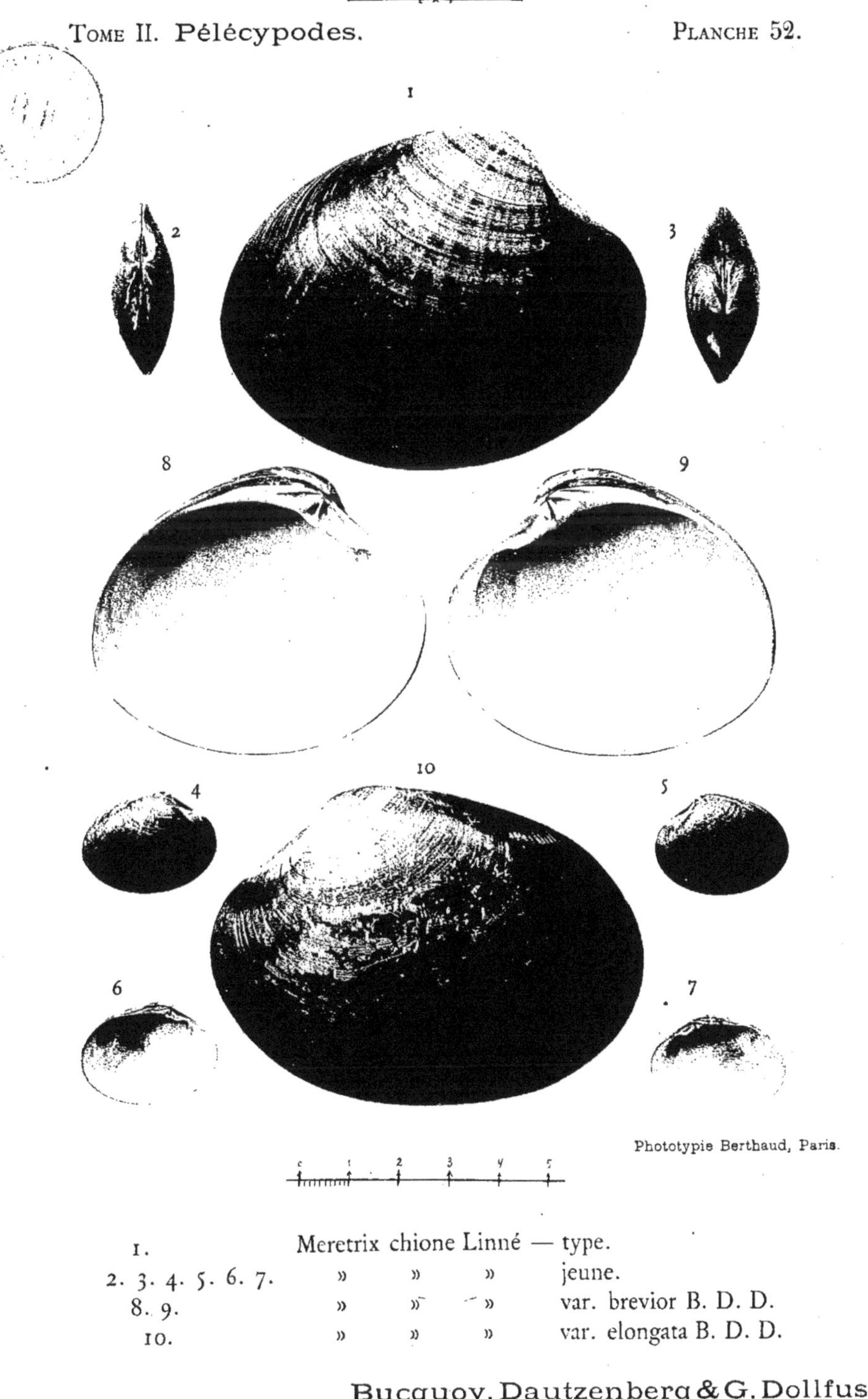

Phototypie Berthaud, Paris.

1.	Meretrix chione Linné	—		type.
2. 3. 4. 5. 6. 7.	»	»	»	jeune.
8. 9.	»	»	»	var. brevior B. D. D.
10.	»	»	»	var. elongata B. D. D.

Bucquoy, Dautzenberg & G. Dollfus.

MOLLUSQUES MARINS DU ROUSSILLON

TOME II. Pélécypodes. PLANCHE 53.

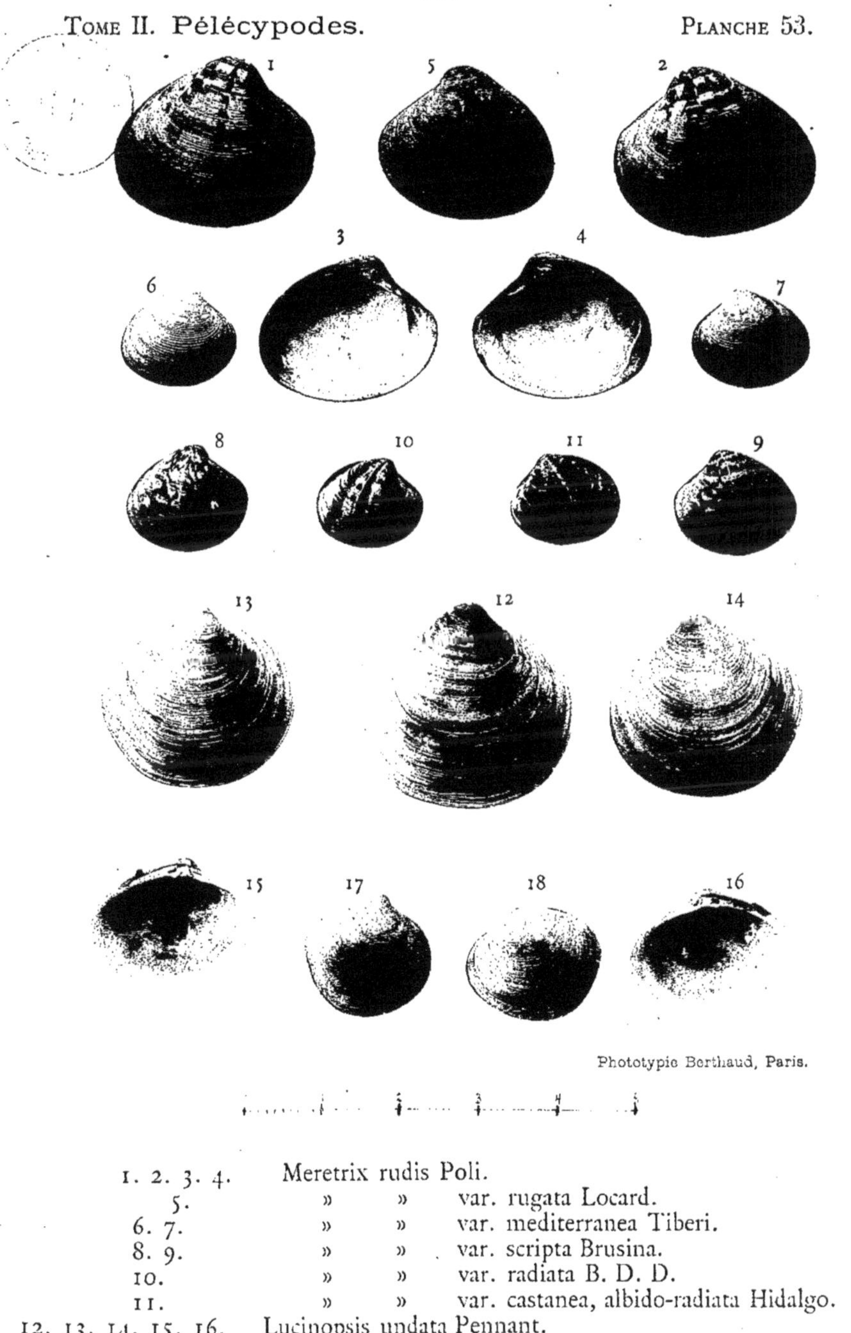

Phototypie Berthaud, Paris.

1. 2. 3. 4.	Meretrix rudis Poli.		
5.	»	»	var. rugata Locard.
6. 7.	»	»	var. mediterranea Tiberi.
8. 9.	»	»	var. scripta Brusina.
10.	»	»	var. radiata B. D. D.
11.	»	»	var. castanea, albido-radiata Hidalgo.
12. 13. 14. 15. 16.	Lucinopsis undata Pennant.		
17. 18.	»	»	var. ventrosa Jeffreys.

Bucquoy, Dautzenberg & G. Dollfus.

MOLLUSQUES MARINS DU ROUSSILLON

TOME II. Pélécypodes. PLANCHE 54.

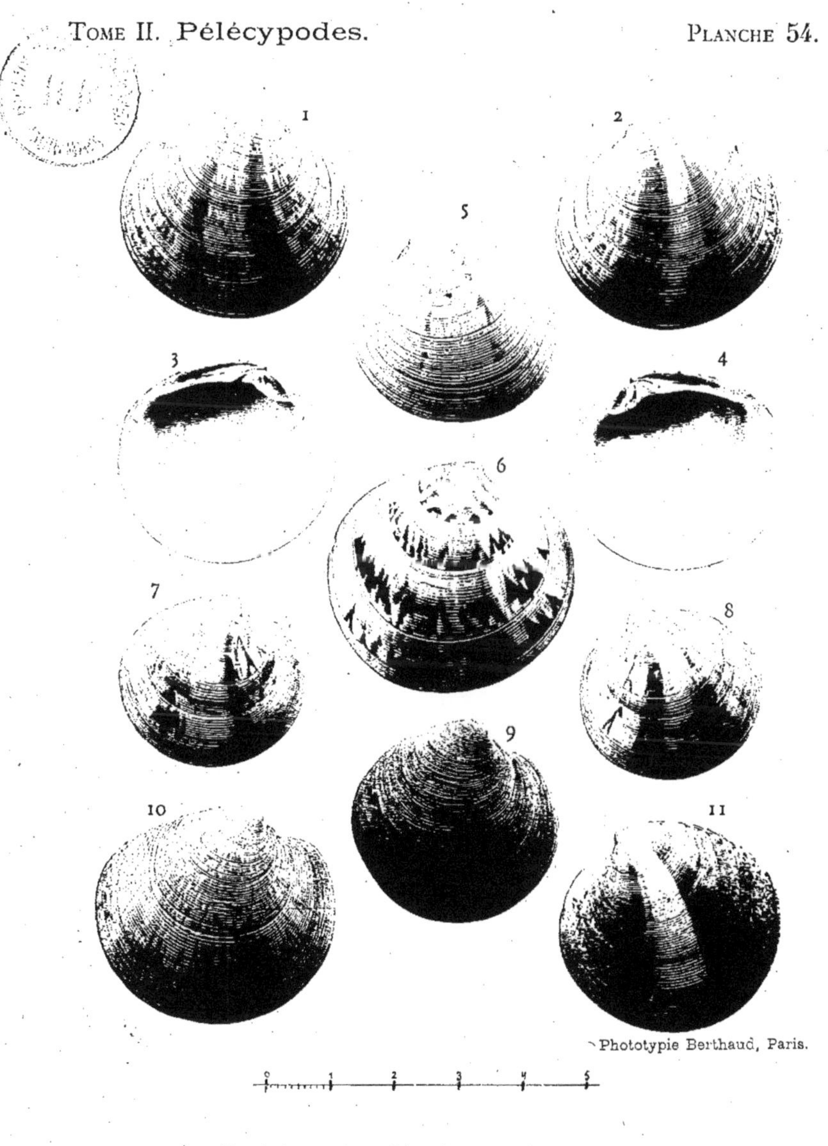

Phototypie Berthaud, Paris.

0 1 2 3 4 5

1. 2. Dosinia exoleta Linné type.
3. 4. » » var. complanata Locard. Roussillon.
5. » » var. parcipicta B. D. D. Roscoff.
6. » » var. zonata B. D. D. Roussillon.
7. 8. » » var. interrupta B. D. D. Naples.
9. » » var. ponderosa B. D. D. Lannion.
10. » » var. zigzag B. D. D. Naples.
11. » » var. radians B. D. D. Roussillon.

Bucquoy, Dautzenberg & G. Dollfus.

MOLLUSQUES MARINS DU ROUSSILLON

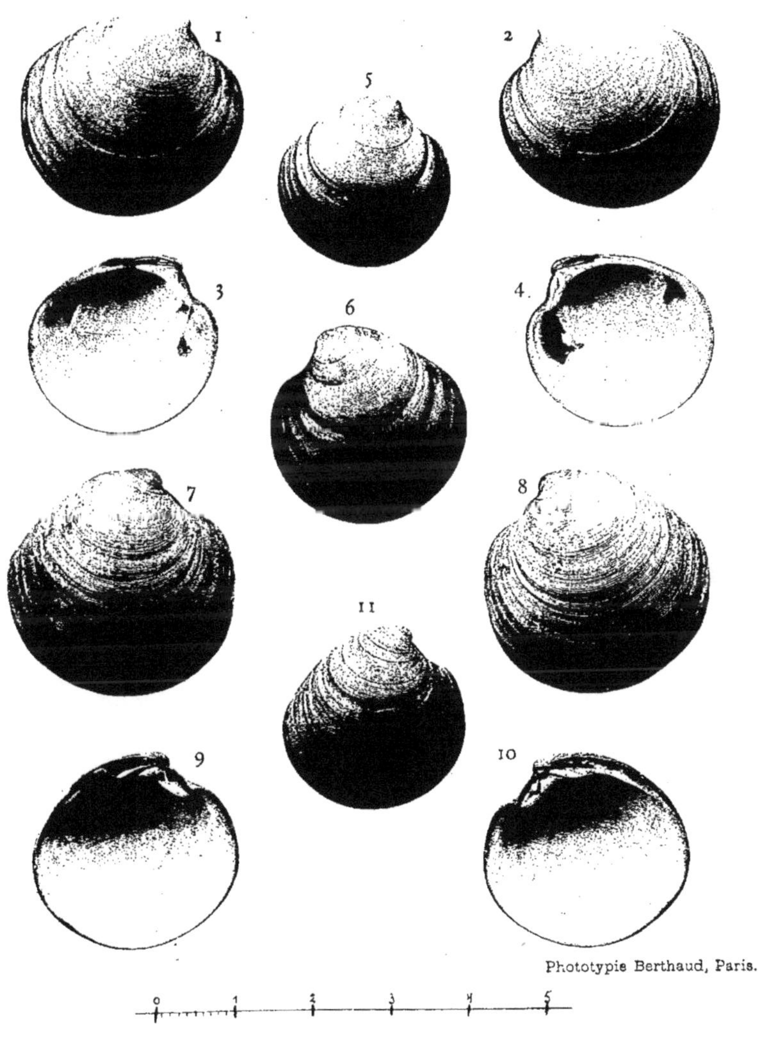

Phototypie Berthaud, Paris.

1. 2. 3. 4. 5. 6. Dosinia lupinus Linné.
7. 8. 9. 10. 11. » » var. lincta Pulteney.

Bucquoy, Dautzenberg & G. Dollfus.

MOLLUSQUES MARINS DU ROUSSILLON

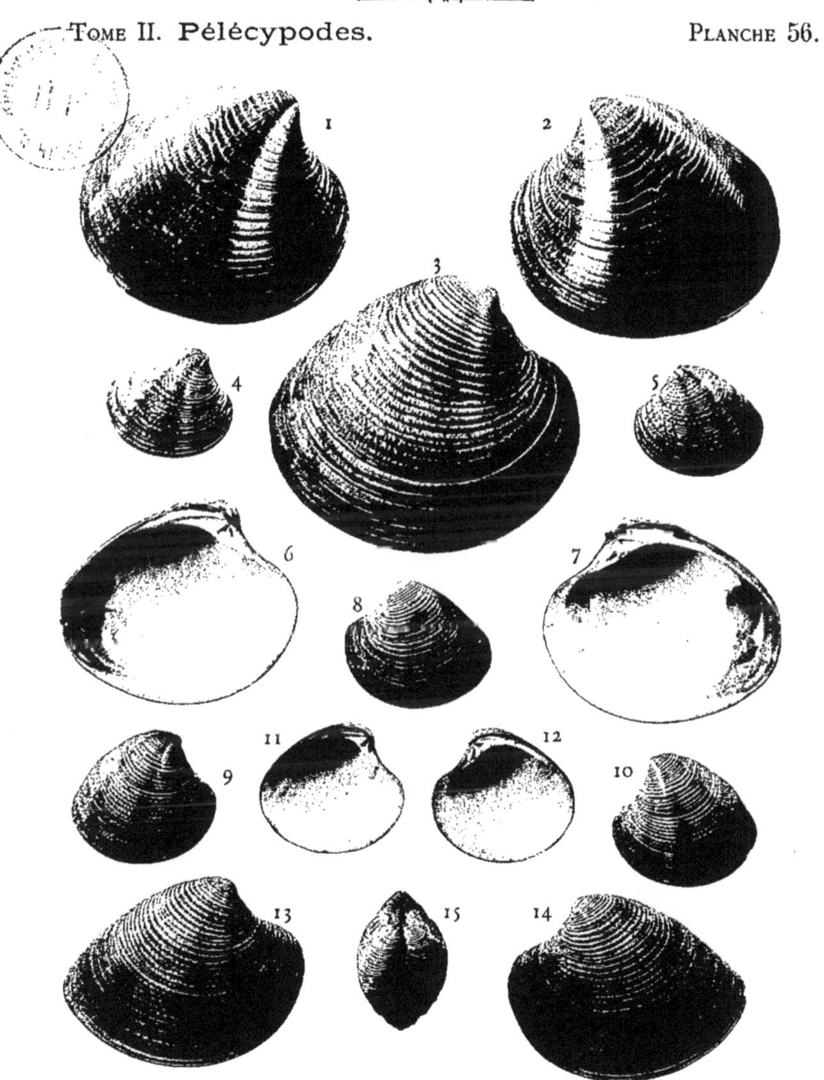

Phototypie Berthaud, Paris.

1. 2. 6. 7. Venus gallina Linné.
3. » » var. major B. D. D. Gibraltar.
4. 5. » » var. minor B. D. D. Kérasunde.
8. » » var. striatula Da Costa. Ecosse.
9. 10. 11. 12. » » var. triangularis Jeffreys. Le Pouliguen.
13. 14. » » var. laminosa Laskey. Tenby.
15. » » var. gibba Jeffreys. Le Pouliguen.

Bucquoy, Dautzenberg & Dollfus.

MOLLUSQUES MARINS DU ROUSSILLON

TOME II. Pélécypodes. PLANCHE 57.

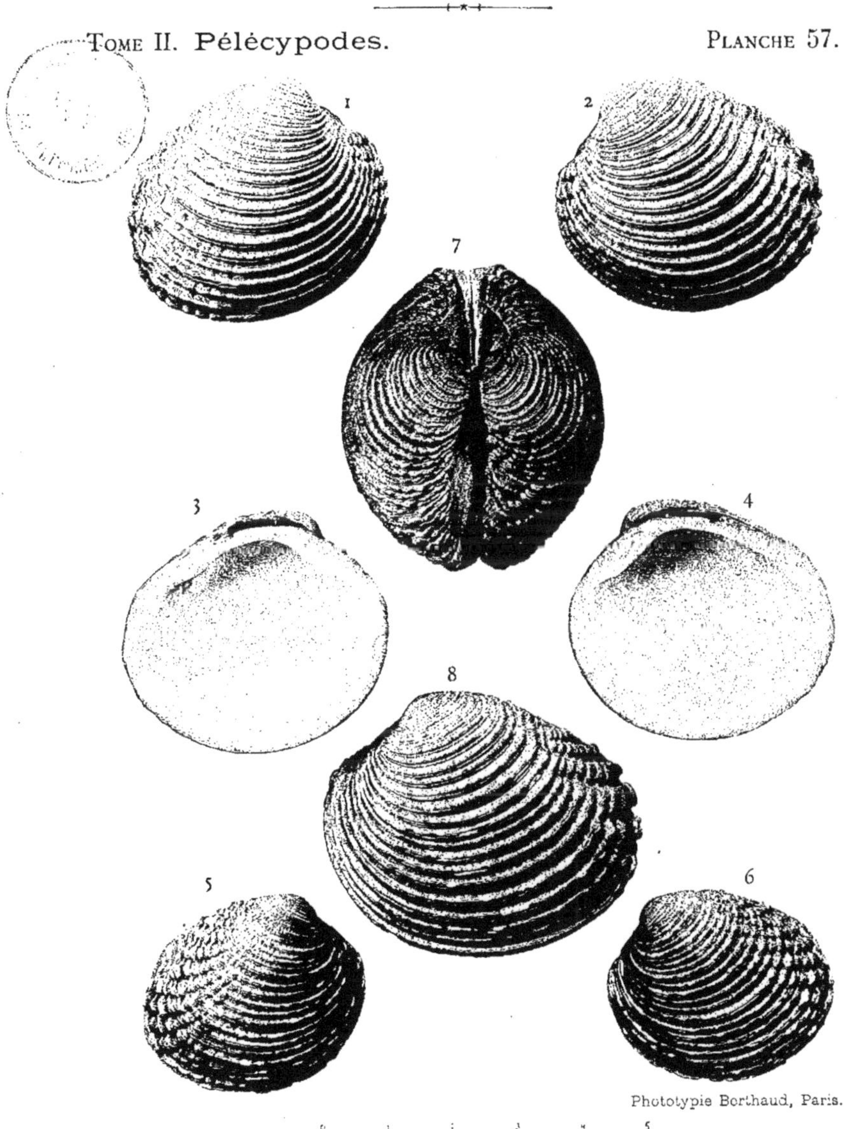

Phototypie Berthaud, Paris.

1. 2. Venus verrucosa Linné. Saint-Malo.
3. 4. 5. 6. » » » Roussillon.
7. » » var. tumida B. D. D.
8. » » var. transversa B. D. D. Ile d'Oléron.

Bucquoy, Dautzenberg & G. Dollfus.

MOLLUSQUES MARINS DU ROUSSILLON

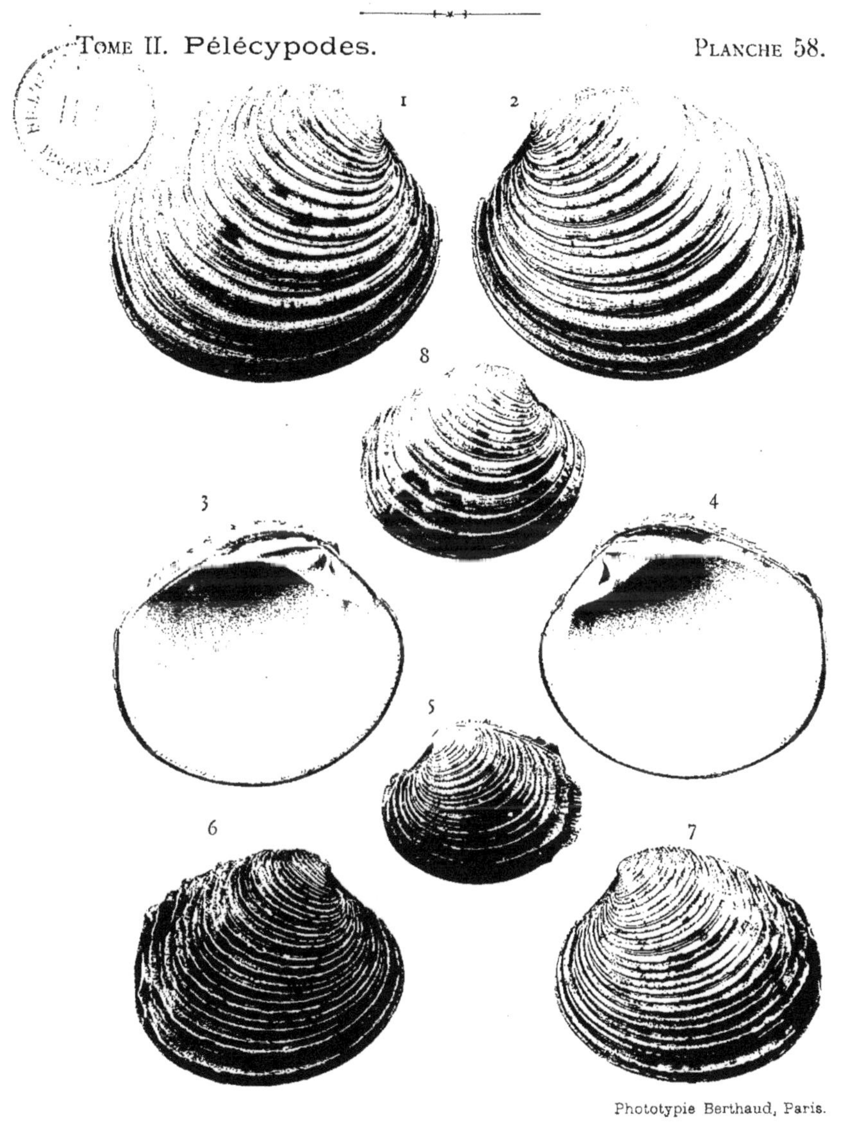

Phototypie Berthaud, Paris.

1. 2.	Venus casina Linné type. Arcachon.
3. 4.	» » » Marseille.
5. 6. 7.	» » var. Aradasi B. D. D. Roussillon.
8.	» » var. picta B. D. D. Morlaix.

Bucquoy, Dautzenberg & G. Dollfus.

MOLLUSQUES MARINS DU ROUSSILLON

TOME II. Pélécypodes. PLANCHE 59.

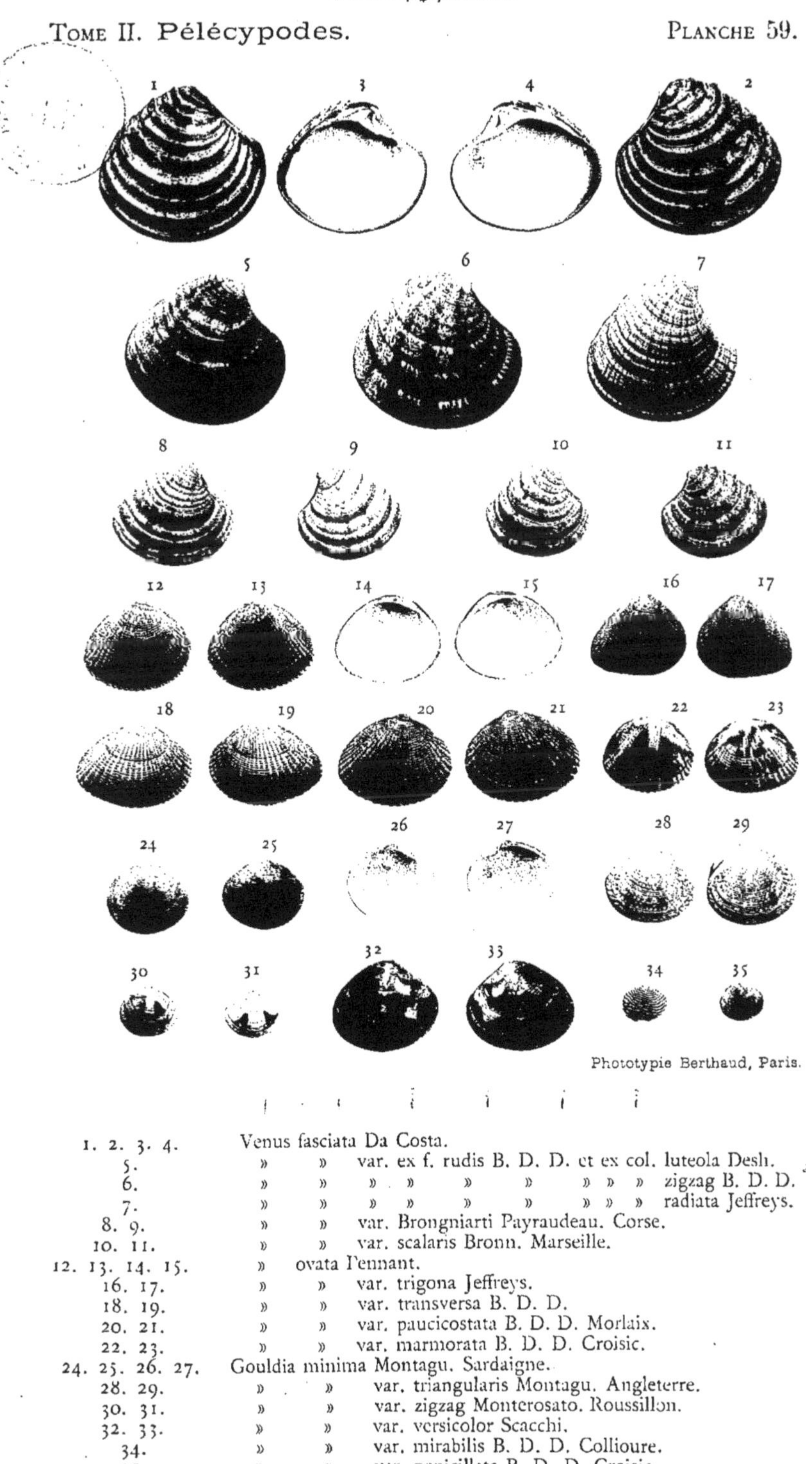

Phototypie Berthaud, Paris.

1. 2. 3. 4. Venus fasciata Da Costa.
5. » » var. ex f. rudis B. D. D. et ex col. luteola Desh.
6. » » » » » » » » » zigzag B. D. D.
7. » » » » » » » » » radiata Jeffreys.
8. 9. » » var. Brongniarti Payraudeau. Corse.
10. 11. » » var. scalaris Bronn. Marseille.
12. 13. 14. 15. » ovata Pennant.
16. 17. » » var. trigona Jeffreys.
18. 19. » » var. transversa B. D. D.
20. 21. » » var. paucicostata B. D. D. Morlaix.
22. 23. » » var. marmorata B. D. D. Croisic.
24. 25. 26. 27. Gouldia minima Montagu. Sardaigne.
28. 29. » » var. triangularis Montagu. Angleterre.
30. 31. » » var. zigzag Monterosato. Roussillon.
32. 33. » » var. versicolor Scacchi.
34. » » var. mirabilis B. D. D. Collioure.
35. » » var. penicillata B. D. D. Croisic.

MOLLUSQUES MARINS DU ROUSSILLON

TOME II. Pélécypodes. PLANCHE 60.

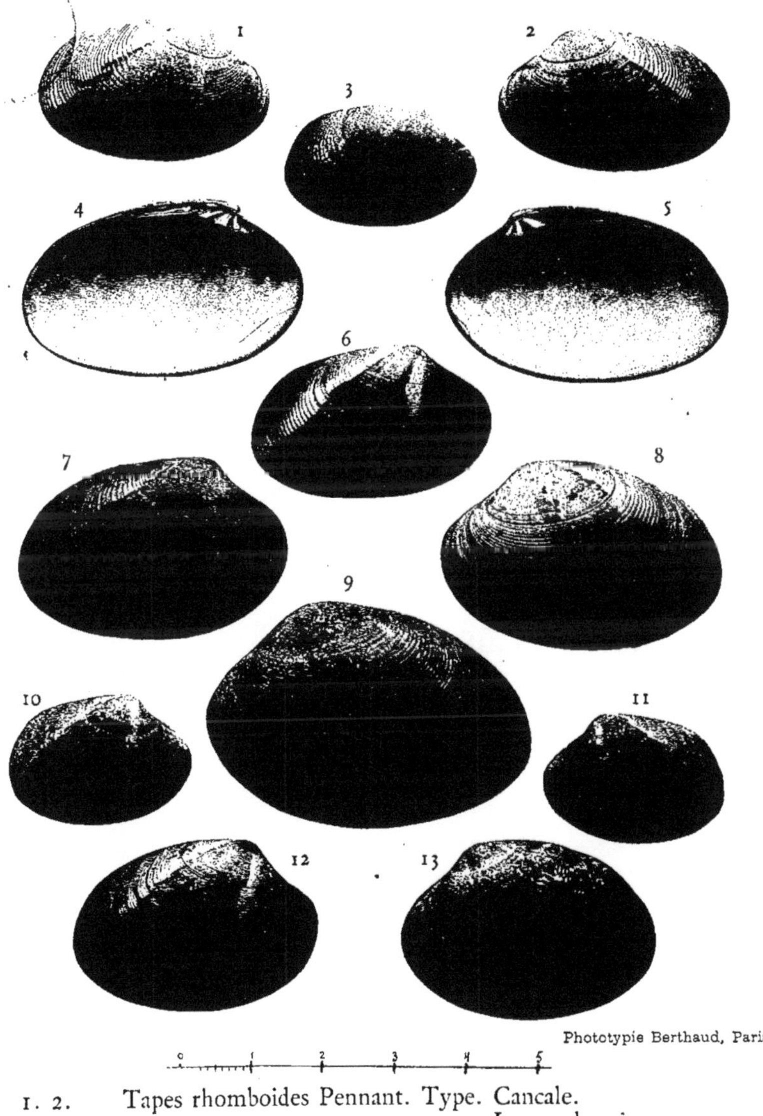

Phototypie Berthaud, Paris.

0 1 2 3 4 5

1. 2.	Tapes rhomboides	Pennant. Type. Cancale.	
3.	»	»	» Languedoc.
4. 5.	»	»	var. lepidula Locard. Val André.
6.	»	»	var. radiata Locard. »
7.	»	»	var. edulis (Chemnitz) auct. Brest.
8.	»	»	var. heligmogramma Locard. Val André.
9.	»	»	var. major B. D. D. »
10. 11.	»	»	var. curta Locard. Cette.
12.	»	»	» » » Val André.
13.	»	»	var. marmorea Locard. Val André.

Bucquoy, Dautzenberg & G. Dollfus.

MOLLUSQUES MARINS DU ROUSSILLON

TOME II. Pélécypodes. PLANCHE 61.

Phototypie Berthaud, Paris.

1. 2. 3. 4.	Tapes pullastra Montagu.		
5. 6. 7. 8. 9. 10. 11. 12.	»	»	var. saxatilis Fleuriau.
13. 14.	»	»	var. oblonga Jeffreys.

Bucquoy, Dautzenberg & G. Dollfus.

MOLLUSQUES MARINS DU ROUSSILLON

TOME II. Pélécypodes. PLANCHE 62.

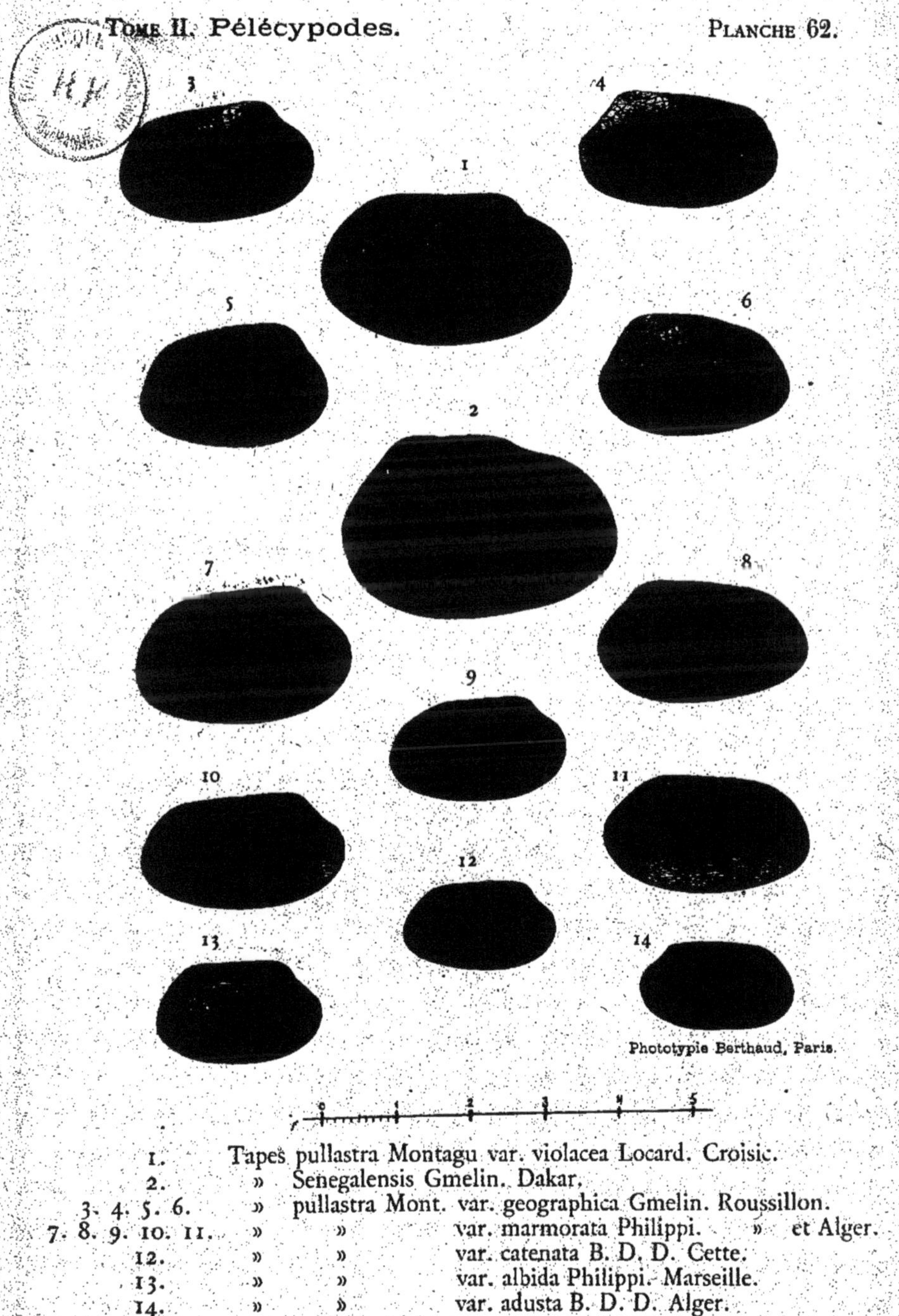

1. Tapes pullastra Montagu var. violacea Locard. Croisic.
2. » Senegalensis Gmelin. Dakar.
3. 4. 5. 6. » pullastra Mont. var. geographica Gmelin. Roussillon.
7. 8. 9. 10. 11. » » var. marmorata Philippi. » et Alger.
12. » » var. catenata B. D. D. Cette.
13. » » var. albida Philippi. Marseille.
14. » » var. adusta B. D. D. Alger.

Bucquoy, Dautzenberg & G. Dollfus.

MOLLUSQUES MARINS DU ROUSSILLON

TOME II. Pélécypodes. PLANCHE 63.

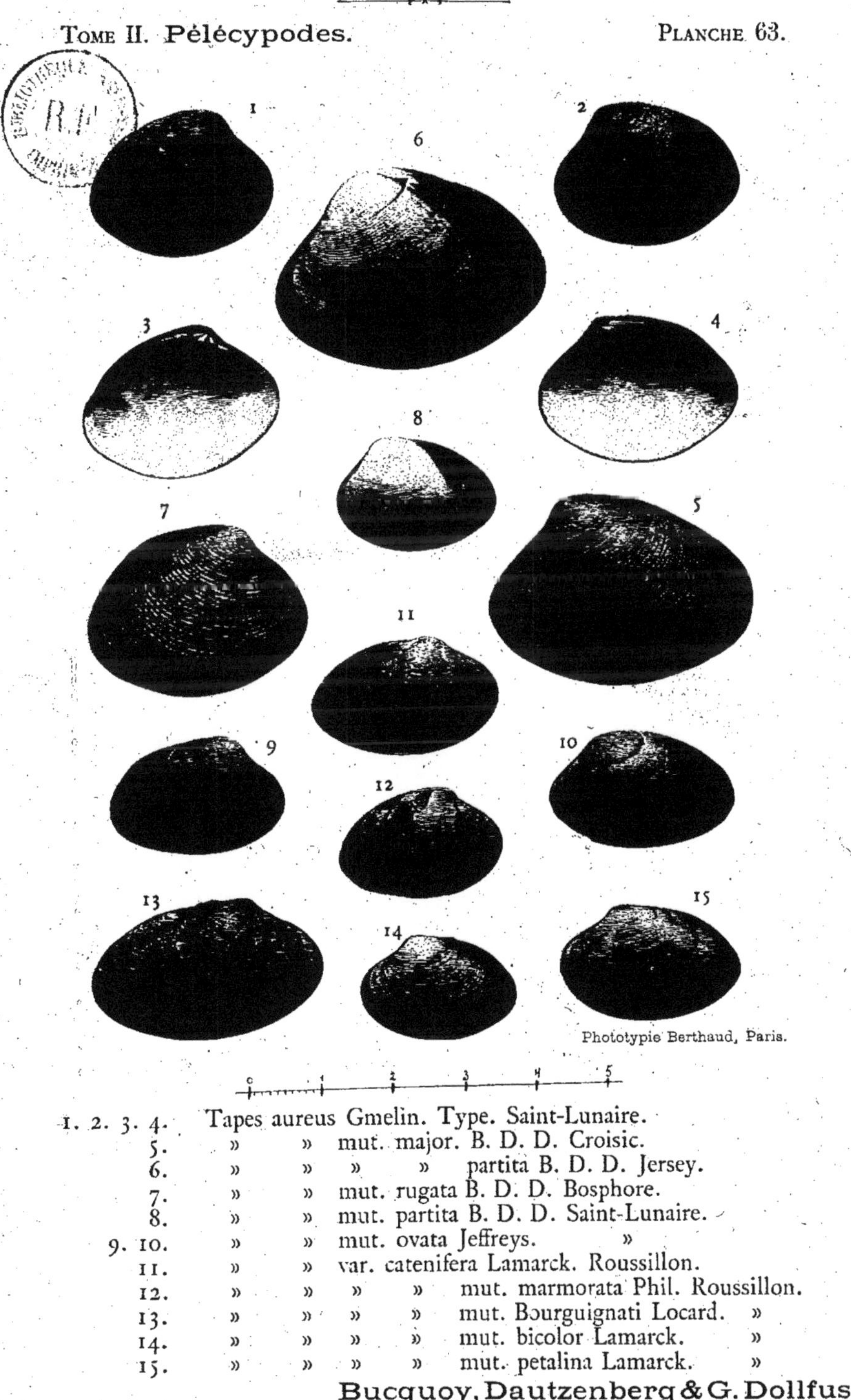

Phototypie Berthaud, Paris.

1. 2. 3. 4. Tapes aureus Gmelin. Type. Saint-Lunaire.
5. » » mut. major. B. D. D. Croisic.
6. » » » » partita B. D. D. Jersey.
7. » » mut. rugata B. D. D. Bosphore.
8. » » mut. partita B. D. D. Saint-Lunaire.
9. 10. » » mut. ovata Jeffreys. »
11. » » var. catenifera Lamarck. Roussillon.
12. » » » » mut. marmorata Phil. Roussillon.
13. » » » » mut. Bourguignati Locard. »
14. » » » » mut. bicolor Lamarck. »
15. » » » » mut. petalina Lamarck. »

Bucquoy, Dautzenberg & G. Dollfus.

MOLLUSQUES MARINS DU ROUSSILLON

TOME II. **Pélécypodes.** PLANCHE 64.

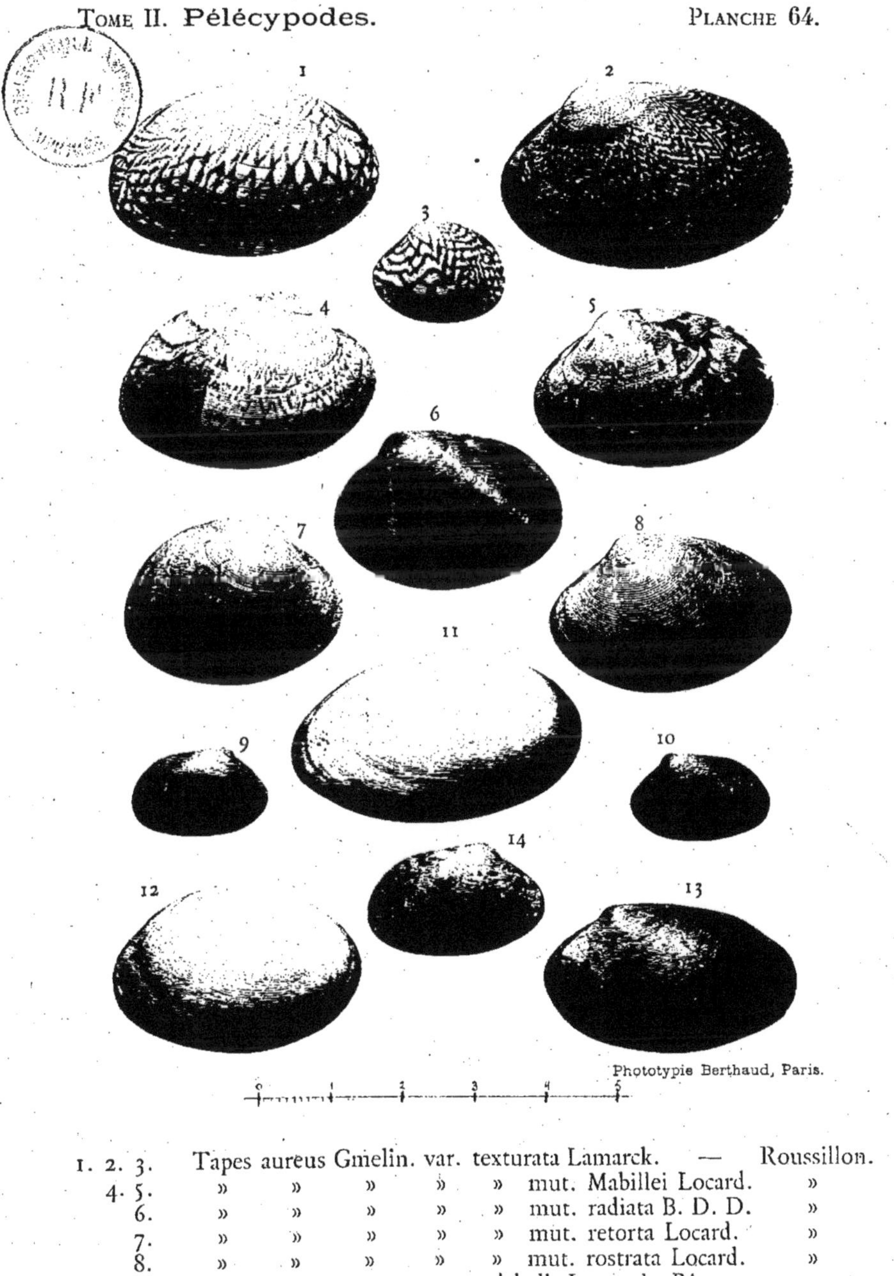

1. 2. 3. Tapes aureus Gmelin. var. texturata Lamarck. — Roussillon.
4. 5. » » » » » mut. Mabillei Locard. »
6. » » » » » mut. radiata B. D. D. »
7. » » » » » mut. retorta Locard. »
8. » » » » » mut. rostrata Locard. »
9. 10. » » » var. pulchella Lamarck. Bône.
11. 12. 13. » » » var. elongata Dautzenberg. Tunisie.
14. » lucens Locard. Corse.

Bucquoy, Dautzenberg & G. Dollfus.

MOLLUSQUES MARINS DU ROUSSILLON

TOME II. Pélécypodes. PLANCHE 65.

1. 2. 3. 4. Tapes decussatus Linné type.
5. » » var. intermedia B. D. D. Port de Boucq.
6. » » var. citrina Brusina. Mahon.
7. » » var. radiata B. D. D. Djerba.
8. » » monstr. plicata Monterosato. Mahon.

Bucquoy, Dautzenberg & G. Dollfus.

MOLLUSQUES MARINS DU ROUSSILLON

TOME II. Pélécypodes. PLANCHE 66.

Phototypie Berthaud, Paris.

1. Tapes decussatus Linné var. tumida Brusina. Djerba.
2. 3. » » var. intermedia B. D. D. Djerba.
4. 5. » » var. fusca Gmelin. Le Pouliguen.
6. » » var. quadrangula Jeffreys. Bantry.
7. » » var. varians B. D. D. Le Pouliguen.
8. » » var. texta B. D. D. »

Bucquoy, Dautzenberg & G. Dollfus.

MOLLUSQUES MARINS DU ROUSSILLON

TOME II. Pélécypodes. PLANCHE 67.

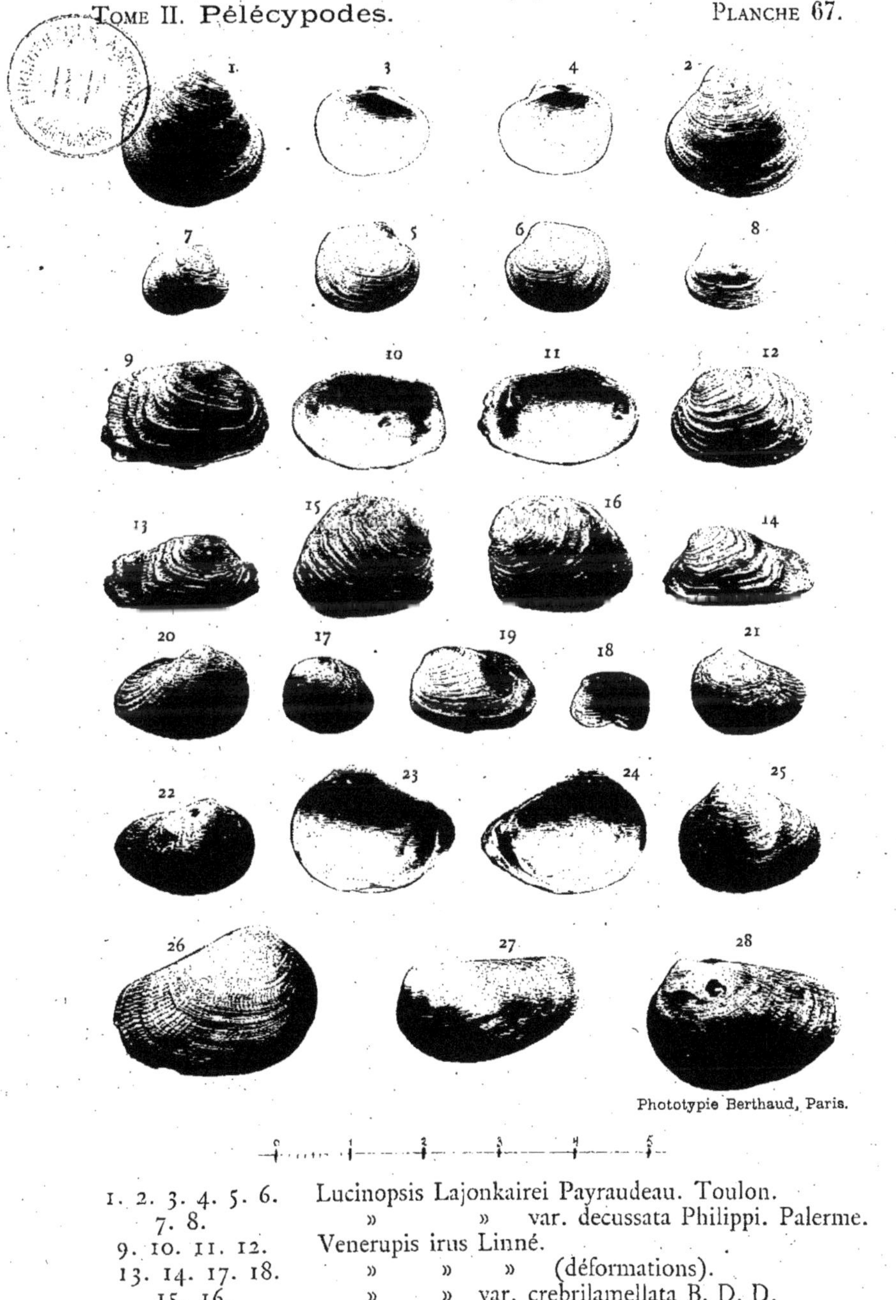

1. 2. 3. 4. 5. 6. Lucinopsis Lajonkairei Payraudeau. Toulon.
7. 8. » » var. decussata Philippi. Palerme.
9. 10. 11. 12. Venerupis irus Linné.
13. 14. 17. 18. » » » (déformations).
15. 16. » » var. crebrilamellata B. D. D.
19. » » var. bicolor Monterosato.
20. 21. 22. 23. 24. 25. Petricola lithophaga Retzius. Arcachon.
26. 27. 28. » » var. striata Fleuriau.

Bucquoy, Dautzenberg & G. Dollfus.

MOLLUSQUES MARINS DU ROUSSILLON

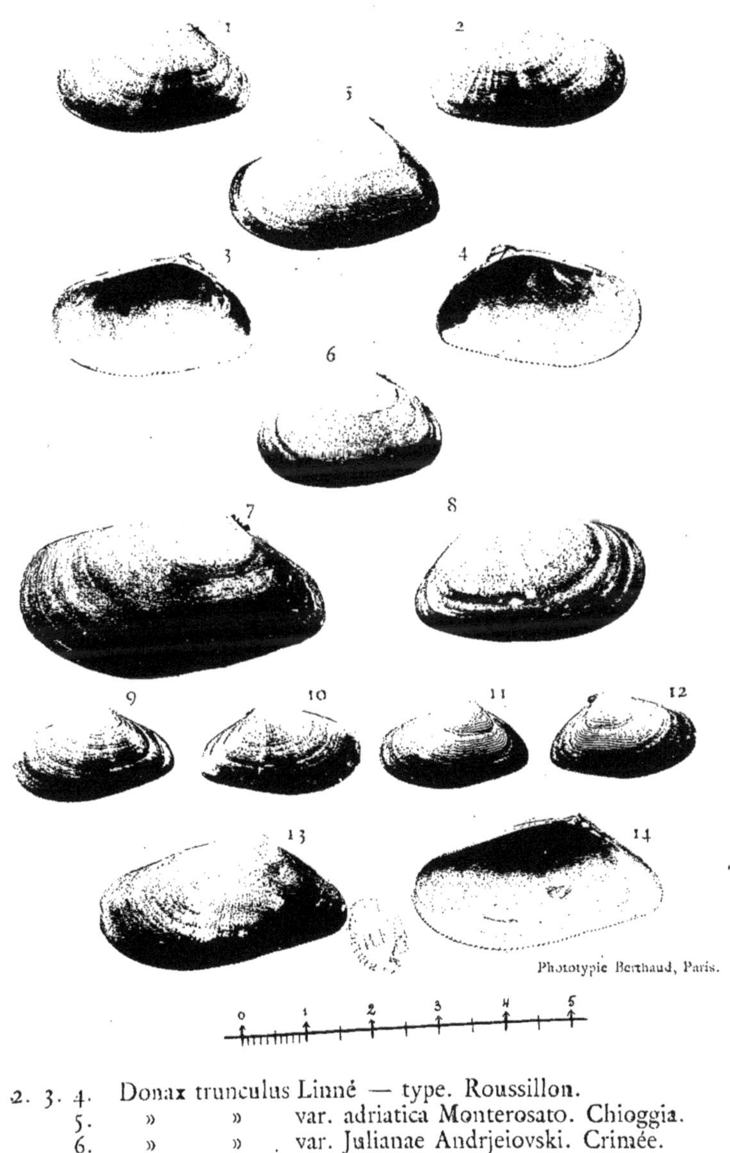

1. 2. 3. 4. Donax trunculus Linné — type. Roussillon.
5. » » var. adriatica Monterosato. Chioggia.
6. » » var. Julianae Andrjeiovski. Crimée.
7. » » var. maxima B. D. D. Arcachon.
8. » » var. ponderosa B. D. D. Oléron.
9. 10. » vittatus Da Costa. Penbron.
11. 12. » » var. atlantica Hidalgo. Oléron.
13. 14. » » var. magna Damon. Middelkerke.

Bucquoy, Dautzenberg & G. Dollfus.

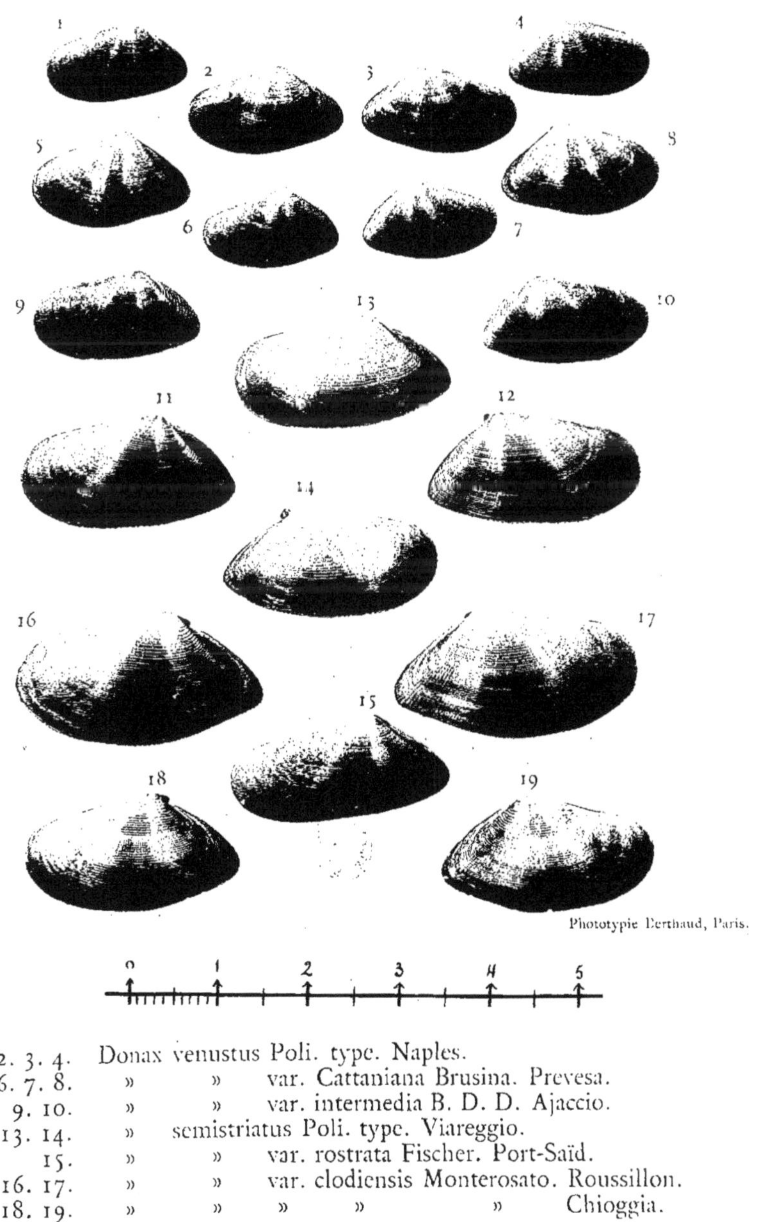

Phototypie Berthaud, Paris.

1. 2. 3. 4.	Donax venustus Poli. type. Naples.
5. 6. 7. 8.	» » var. Cattaniana Brusina. Prevesa.
9. 10.	» » var. intermedia B. D. D. Ajaccio.
11. 12. 13. 14.	» semistriatus Poli. type. Viareggio.
15.	» » var. rostrata Fischer. Port-Saïd.
16. 17.	» » var. clodiensis Monterosato. Roussillon.
18. 19.	» » » » » Chioggia.

Bucquoy, Dautzenberg & G. Dollfus.

MOLLUSQUES MARINS DU ROUSSILLON

Tome II. Pélécypodes. PLANCHE 70.

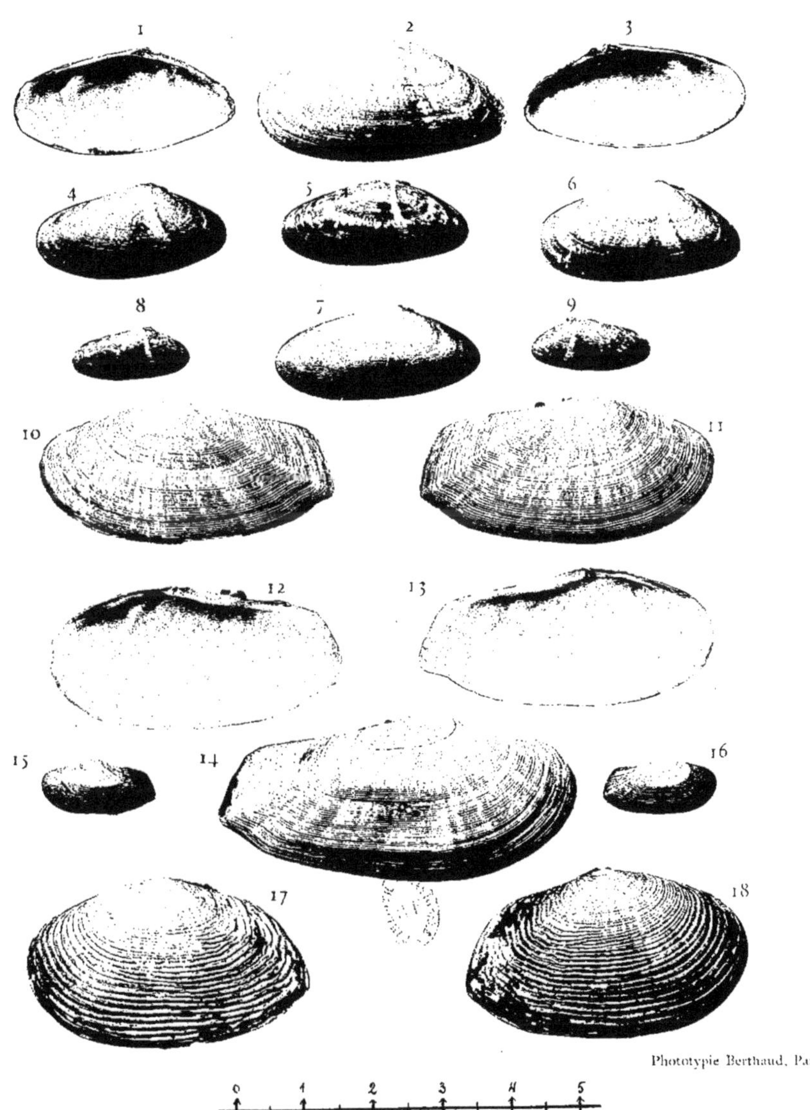

Phototypie Berthaud, Paris.

0 1 2 3 4 5

1. 2. 3. Donax variegatus Gmelin. type. Saint-Enogat.
4. 8. 9. » » var. tristis B. D. D. Roussillon.
5. » » var. saturata B. D. D. Croisic.
6. » » var. laeta B. D. D. Locmariaker.
7. » » var. albida B. D. D. Croisic.
10. 11. 12. 13. 14. Psammobia faroensis Chemnitz.
15. 16. » » juv. Arcachon.
17. 18. » intermedia. Deshayes. Alger.

Bucquoy, Dautzenberg & G. Dollfus.

MOLLUSQUES MARINS DU ROUSSILLON

TOME II. Pélécypodes. PLANCHE 71.

Phototypie Berthaud, Paris.

1. Psammobia depressa Pennant — type. Saint-Pol-de-Léon.
2. » » var. livida Jeffreys. Roussillon.
3. 4. » » var. normalis B. D. D. Croisic.
5. 6. 7. » » var. caerulescens Réquien. Roussillon.

Bucquoy, Dautzenberg & G. Dollfus.

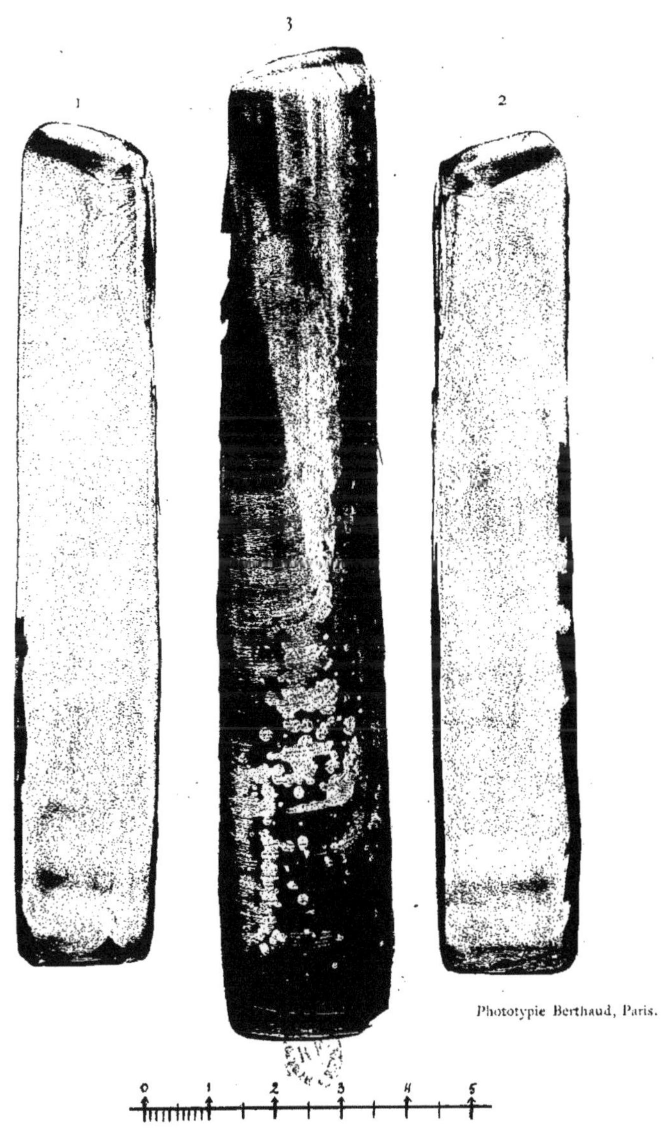

1. 2. Solen marginatus Pennant. Berck-sur-Mer.
3. » » var. major B. D. D. Roussillon.

Bucquoy, Dautzenberg & G. Dollfus.

MOLLUSQUES MARINS DU ROUSSILLON

Tome II. Pélécypodes. Planche 73.

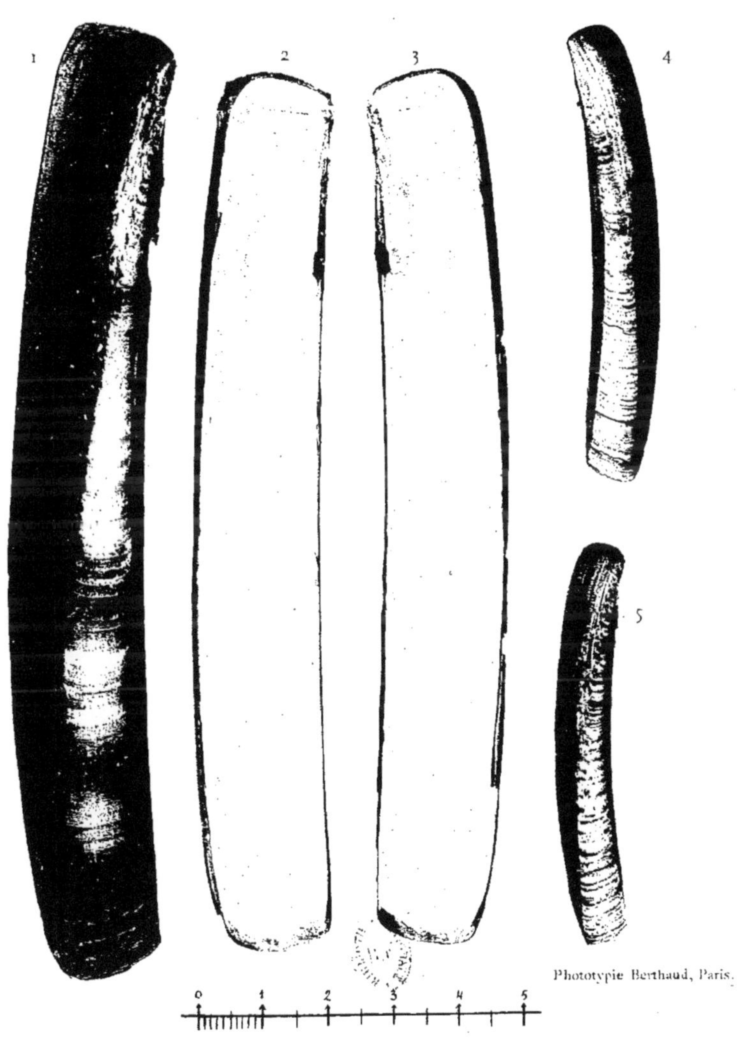

1. 2. 3. Ensis ensis Linné. type. Pouliguen.
4. 5. » » var. minor. Réquien. Roussillon.

Bucquoy, Dautzenberg & G. Dollfus.

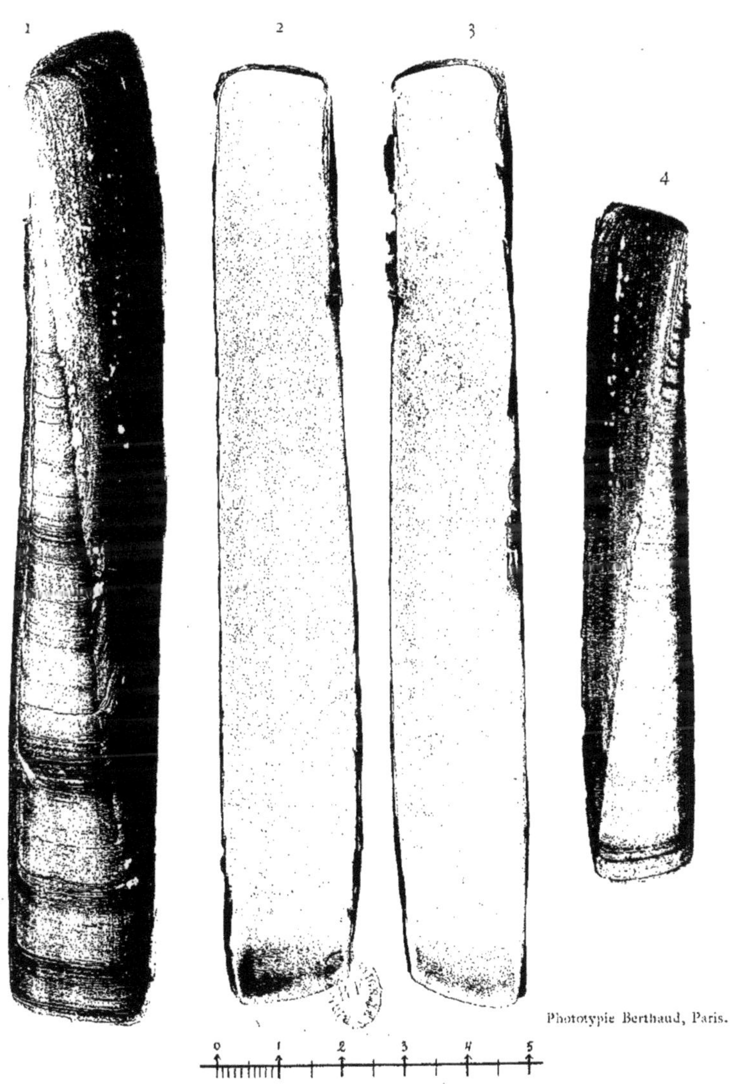

Phototypie Berthaud, Paris.

1. 2. 3. Ensis siliqua Linné. Pouliguen.
4. » » var. minor. Monterosato. Roussillon.

Bucquoy, Dautzenberg & G. Dollfus.

Phototypie Berthaud, Paris.

1. 2. 3. 4. Pharus legumen Linné. Roussillon.
5. 6. 7. 8. » » var. major B. D. D. Pouliguen.

Bucquoy, Dautzenberg & G. Dollfus.

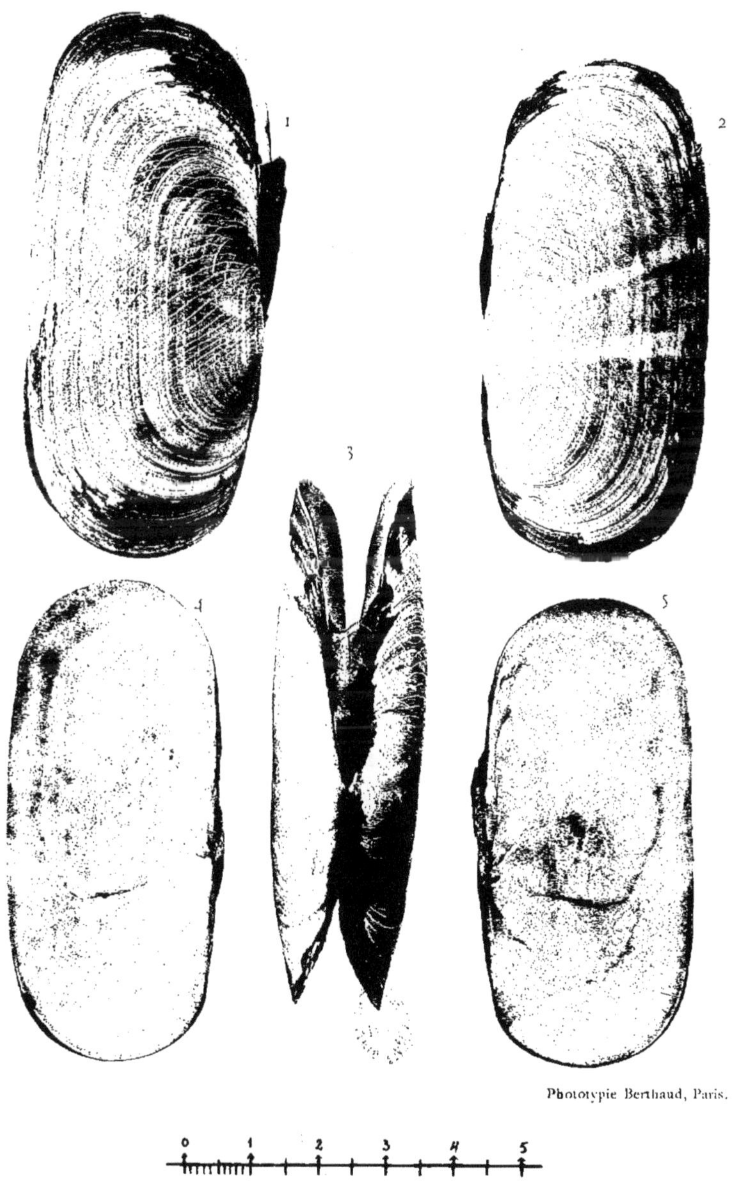

Phototypie Berthaud, Paris.

0 1 2 3 4 5

1. 2. 3. 4. 5. Solenocurtus strigilatus Linné. Roussillon.

Bucquoy, Dautzenberg & G. Dollfus.

MOLLUSQUES MARINS DU ROUSSILLON

Phototypie Berthaud, Paris.

1. 2. Solenocurtus candidus Renier. Venise.
3. 4. 5. » » » Quiberon.
6. » » var. oblonga Jeffreys. Saint-Malo.

Bucquoy, Dautzenberg & G. Dollfus.

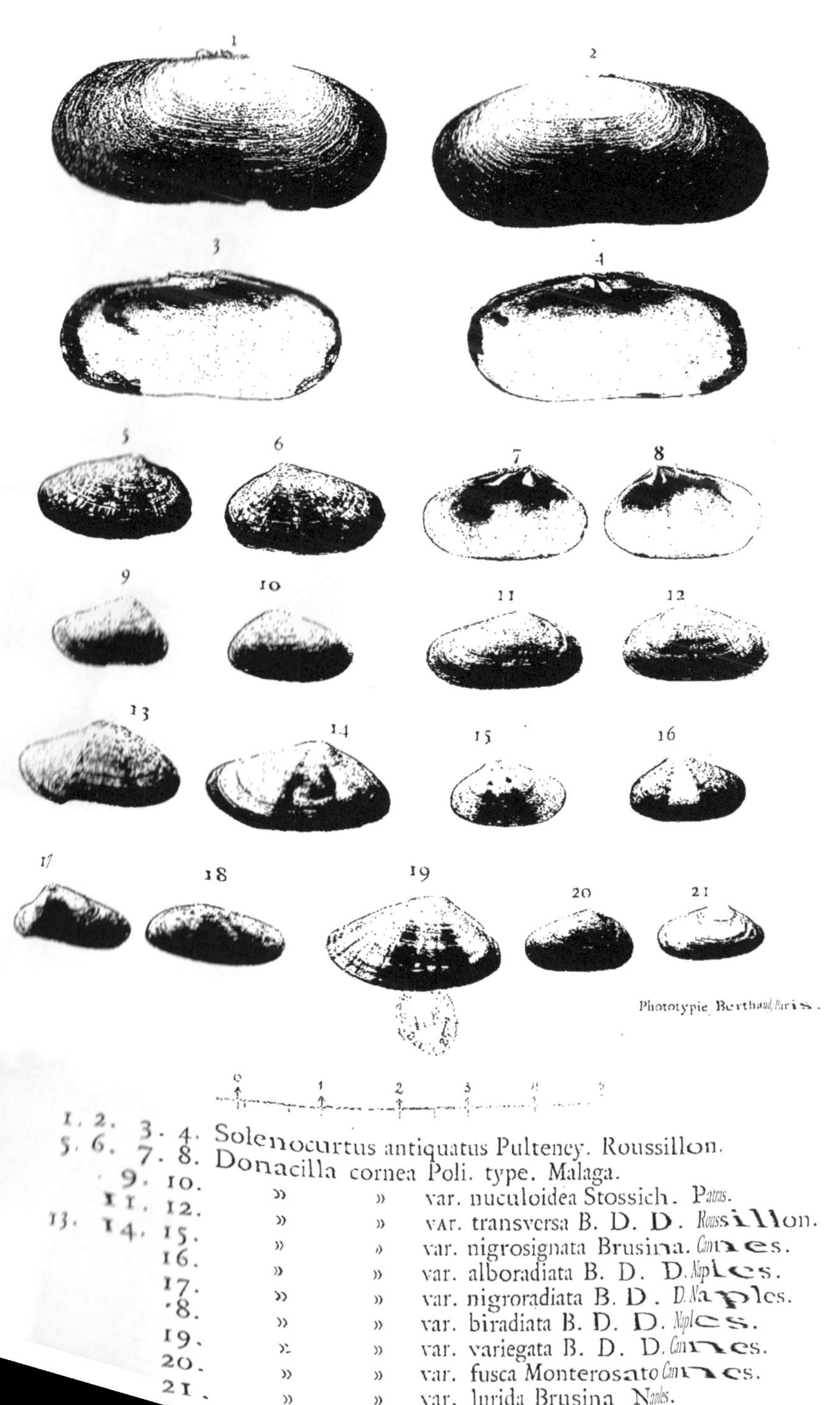

Phototypie Berthaud, Paris.

1. 2. 3. 4. Solenocurtus antiquatus Pulteney. Roussillon.
5. 6. 7. 8. Donacilla cornea Poli. type. Malaga.
9. 10. » » var. nuculoidea Stossich. Patras.
11. 12. » » var. transversa B. D. D. Roussillon.
13. 14. 15. » » var. nigrosignata Brusina. Cannes.
16. » » var. alboradiata B. D. D. Naples.
17. » » var. nigroradiata B. D. D. Naples.
18. » » var. biradiata B. D. D. Naples.
19. » » var. variegata B. D. D. Cannes.
20. » » var. fusca Monterosato Cannes.
21. » » var. lurida Brusina Naples.

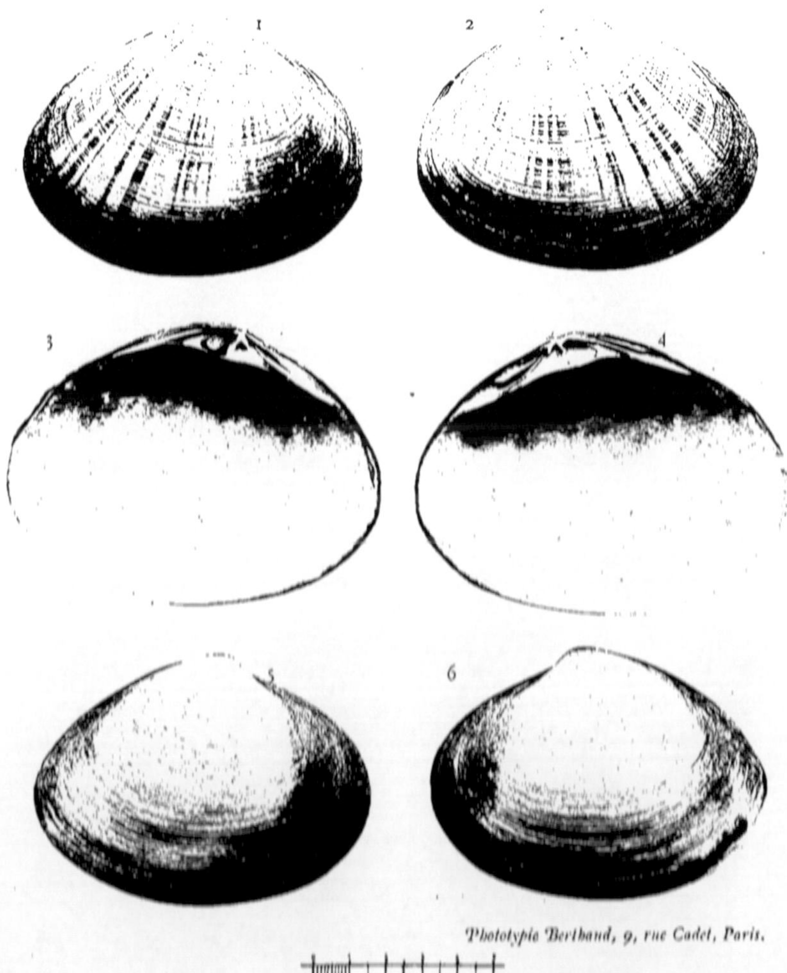

Phototypie Berthaud, 9, rue Cadet, Paris.

1. 2. 3. 4. Mactra glauca Born. — Roussillon.
5. 6. » » var. albida Locard. — Roussillon.

Bucquoy, Dautzenberg & G. Dollfus.

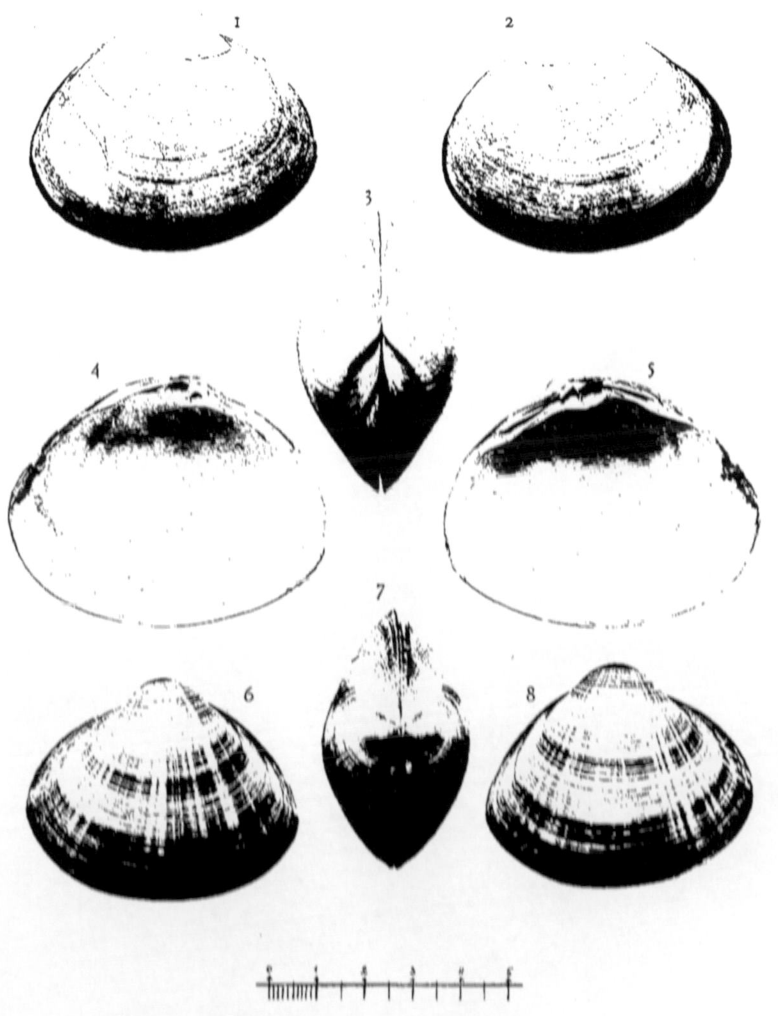

1. 2. 3. 4. 5. Mactra corallina Linné. — Roussillon.
6. 7. 8. » » var. stultorum Linné. — Roussillon.

Bucquoy, Dautzenberg & G. Dollfus.

MOLLUSQUES MARINS DU ROUSSILLON

1. 2. 3. Mactra corallina Linné var. atlantica B. D. D. — Bretagne.
4. 5. » » » var. cinerea Montagu. — Villers-sur-Mer.
6. 7. » » » var. lignaria Monterosato. — Naples.
8. » » » var. Grangeri B. D. D. — Cette.
9. 10. » » » var. Paulucciae Aradas et Benoit. — Syracuse.

Bucquoy, Dautzenberg & G. Dollfus.

MOLLUSQUES MARINS DU ROUSSILLON

Tome II. Pélécypodes. Planche 82

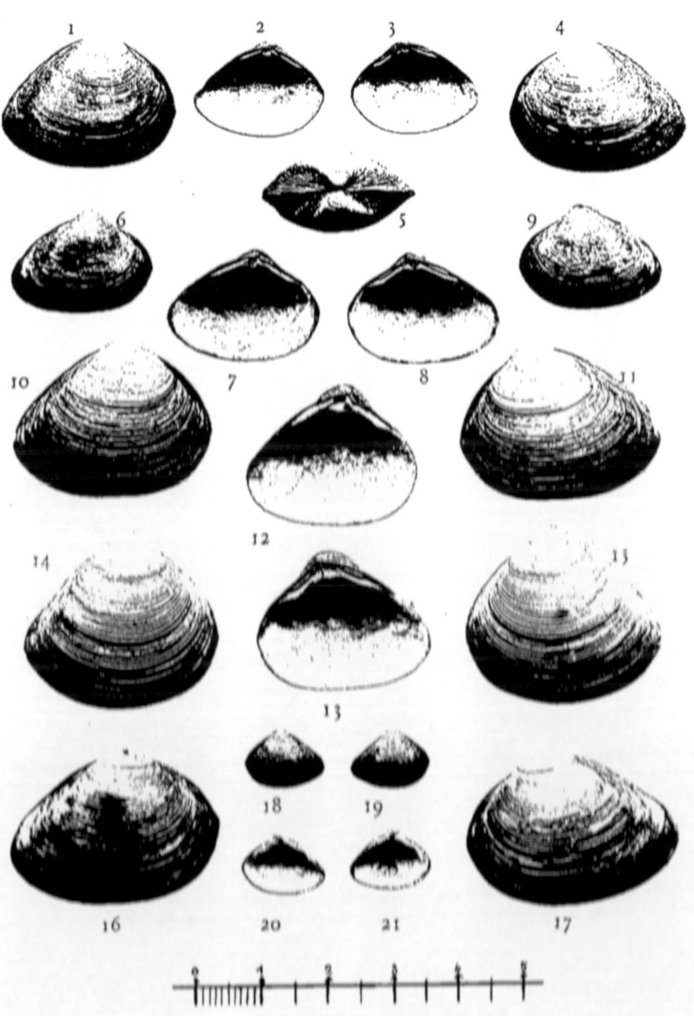

1. 2. 3. 4.	Mactra subtruncata Da Costa. — Exmouth.		
5.	»	»	» Scheveningen.
6. 7. 8. 9.	»	»	var. triangula Renier. — Roussillon.
10. 11. 12. 13.	»	»	var. inaequalis Jeffreys. — Weymouth.
14. 15.	»	»	var. striata Brown. »
16. 17.	»	»	var. tenuis Jeffreys. — Villers-sur-Mer.
18. 19. 20. 21.	»	»	var. Conemenosi B. D. D. — Patras.

Bucquoy, Dautzenberg & G. Dollfus.

MOLLUSQUES MARINS DU ROUSSILLON

1. 2. 3. 4. Lutraria lutraria Linné. — Binic.
5. 6. » » var. angustior Philippi. — Roussillon.

Bucquoy, Dautzenberg & G. Dollfus.

MOLLUSQUES MARINS DU ROUSSILLON

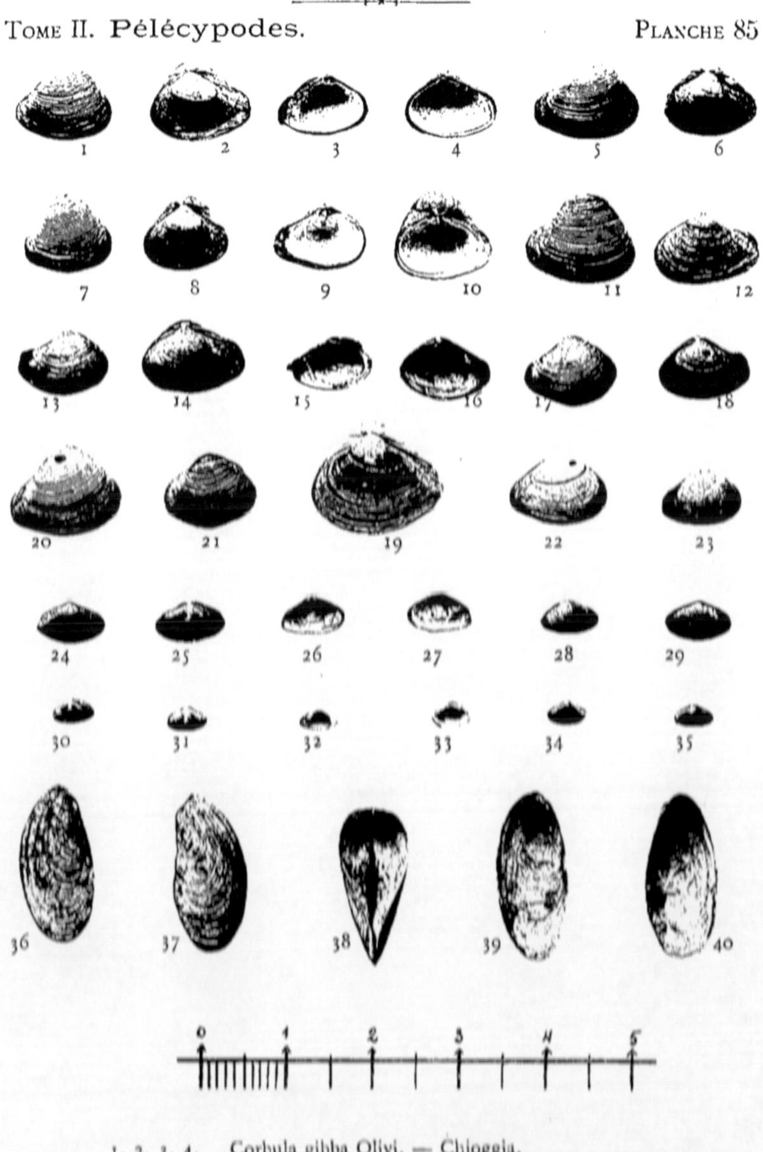

1. 2. 3. 4.	Corbula gibba Olivi. — Chioggia.
5. 6.	» » » Roussillon.
7. 8.	» » var. conglobata Monterosato. — Palerme.
9. 10. 11. 12.	» » » » » Villefranche.
13. 14. 15. 16. 17. 18.	» » var. rosea Brown. — Roussillon.
19.	» » var maxima B. D. D. — Dublin.
20.	» » var. radiata B. D. D. — Roussillon.
21.	» » var. fusca B. D. D. »
22. 23.	» » var. albida B. D. D. »
24. 25. 26. 27.	Corbulomya mediterranea Costa. — Naples.
28. 29.	» » » Viareggio.
30. 31. 32. 33.	» » var. decurtata Monterosato. — Rimini.
34. 35.	» » var. solidula Monterosato. — Mer Noire.
36. 37. 38. 39. 40.	Gastrochaena dubia Pennant.

MOLLUSQUES MARINS DU ROUSSILLON

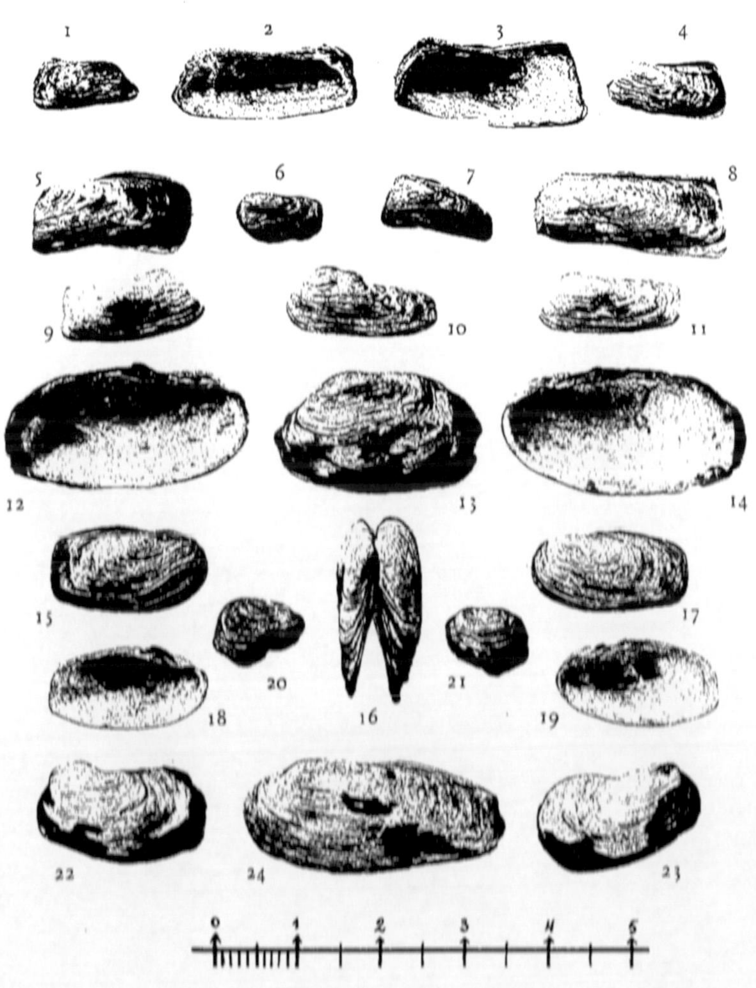

1. 2. 3. 4. Saxicava arctica Linné. — Roussillon.
5. » » var. inermis B. D. D. — Roussillon.
6. 7. » » var. praecisa Montagu. — Croisic.
8. » » » » » Villefranche.
9. 10. 11. » » var. oblonga Turton. — Croisic.
12. 13. 14. » rugosa (Linné) Pennant. — Angleterre.
15. 16. 17. 18. 19. » » var. gallicana Lamarck. — Ilot du Four.
20. 21. 22. 23. » » monstr. irregularis B. D. D. — Wimereux.
24. » » var. transversa B. D. D. — La Rochelle.

Bucquoy, Dautzenberg & G. Dollfus.

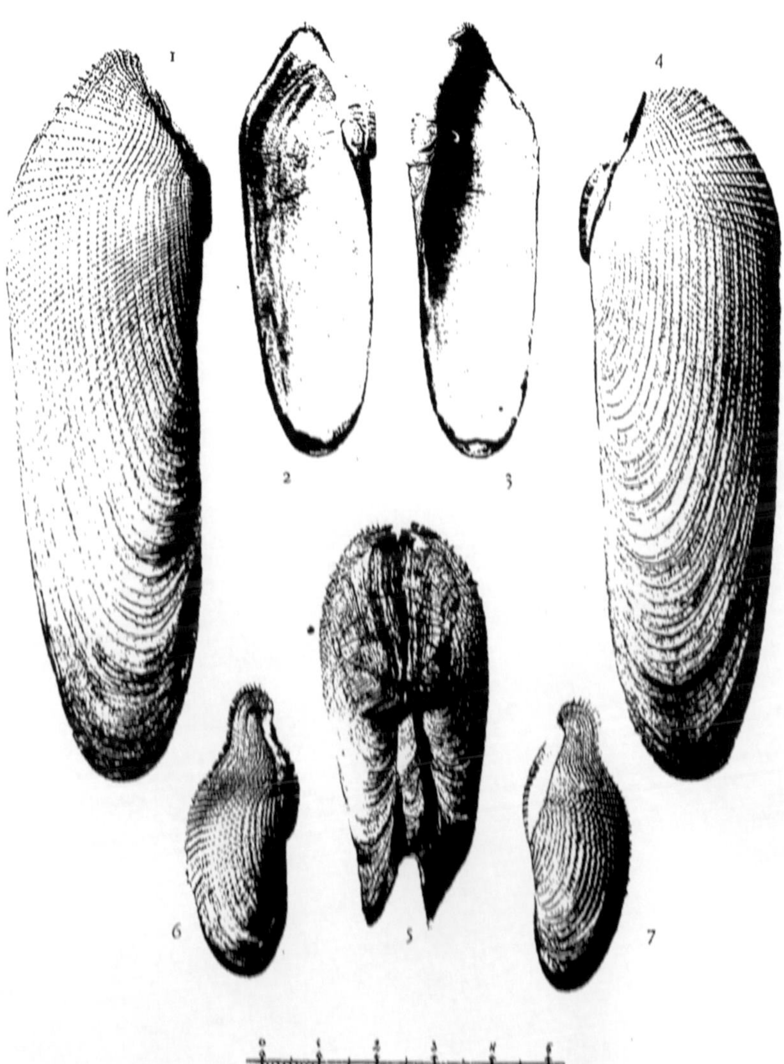

1. 2. 3. 4. 5. *Pholas dactylus* Linné.
6. 7. » » var. *callosa* Cuvier.

Bucquoy, Dautzenberg & G. Dollfus.

MOLLUSQUES MARINS DU ROUSSILLON

TOME II. Pélécypodes. PLANCHE 88

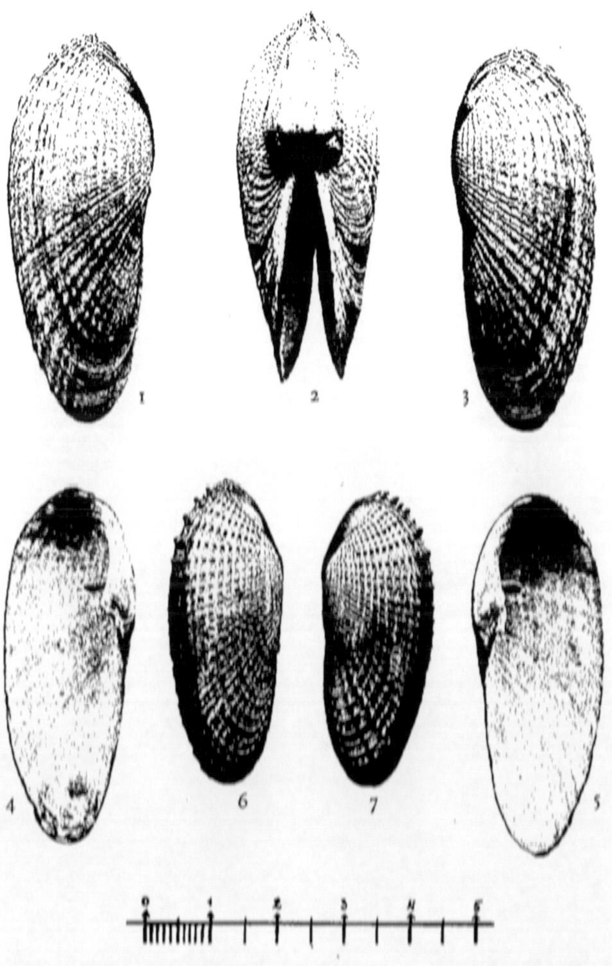

1. 2. 3. 4. 5. Barnea candida Linné. — Middelkerke.
6. 7. » » » Roussillon.

Bucquoy, Dautzenberg & G. Dollfus.

MOLLUSQUES MARINS DU ROUSSILLON

Tome II. Pélécypodes. Planche 89

1 3 4 2

5 7 9 8 6

10 12 13 11

14 20 15

18 19

16 21 17

Phototypie Berthaud, 9, r. Cadet.

1. 2. 3. 4.	Loripes lacteus Linné.	Gard.
5. 6. 7. 8. 9.	» » »	Croisic.
10. 11. 12. 13.	» Desmaresti Payraudeau.	Gabès.
14. 15.	Tellina cumana O. G. Costa.	Barcelone.
16. 17.	» » var. tarantensis de Gregorio. —	Barcelone.
18. 19.	» » (jeune).	Bougie.
20. 21.	» » var. alba B. D. D.	Viareggio.

Bucquoy, Dautzenberg & G. Dollfus.

MOLLUSQUES MARINS DU ROUSSILLON

TOME II. Pélécypodes. PLANCHE 90

1. 2. 3. 4. 5.	Divaricella divaricata Linné.	Croisic.
6. 7.	» » var. elata B. D. D. —	Croisic.
8. 9.	Jagonia reticulata Poli.	Marseille.
10. 11. 12.	» » »	Roussillon.
13. 14.	» » »	Toulon.
15. 16.	Tellina balaustina Linné.	Marseille.
17. 18. 19. 20.	» » »	Roussillon.
21.	» » var. major B. D. D. —	Saint-Jean-de-Luz.

Bucquoy, Dautzenberg & G. Dollfus.

MOLLUSQUES MARINS DU ROUSSILLON

Tome II. Pélécypodes. Planche 91

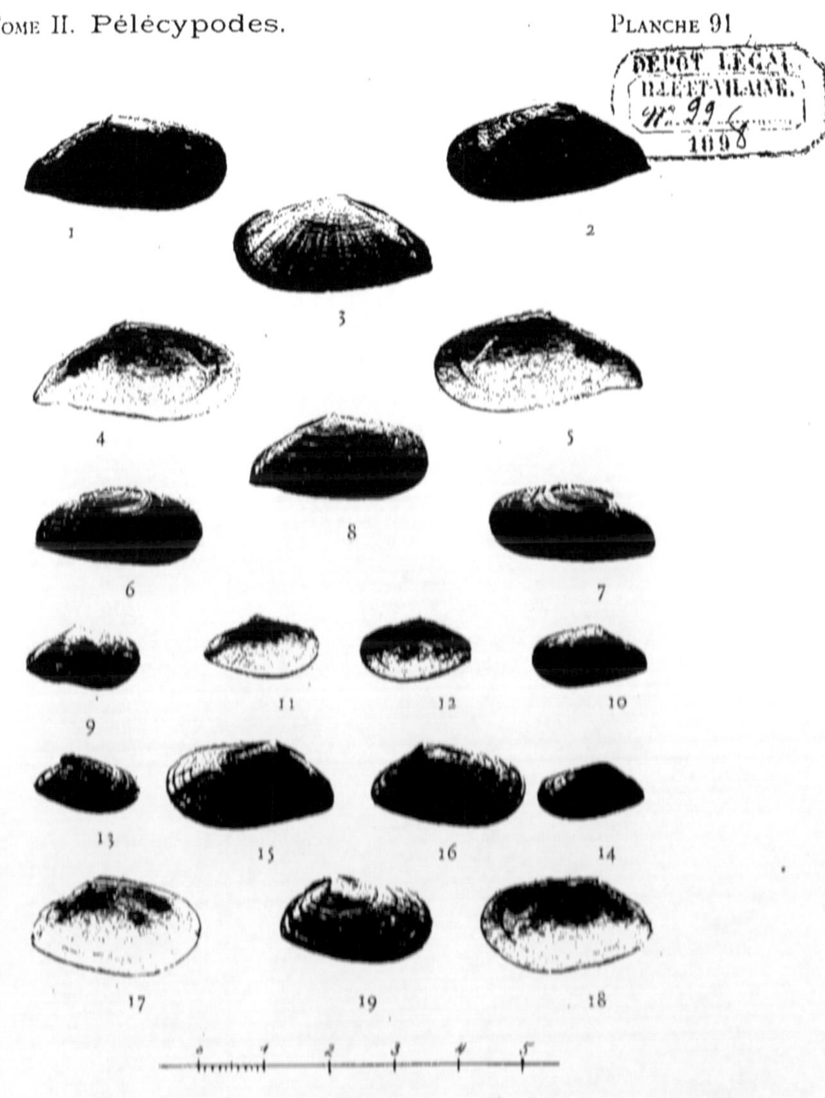

1. 2. 3. 4. 5. Tellina pulchella Lamarck. Roussillon.
6. 7. » » var. transversa B. D. D. — Viareggio.
8. » » var. citrina Monterosato. Roussillon.
9. 10. 11. 12. » distorta Poli.
13. 14. » donacina Linné (type). Roussillon.
15. » » var. major Monterosato. Roussillon.
16. » » var. Turtoni B. D. D. Id.
17. 18. 19. » » » » » Pouliguen.

Bucquoy, Dautzenberg & G. Dollfus.

MOLLUSQUES MARINS DU ROUSSILLON

TOME II. Pélécypodes. PLANCHE 92

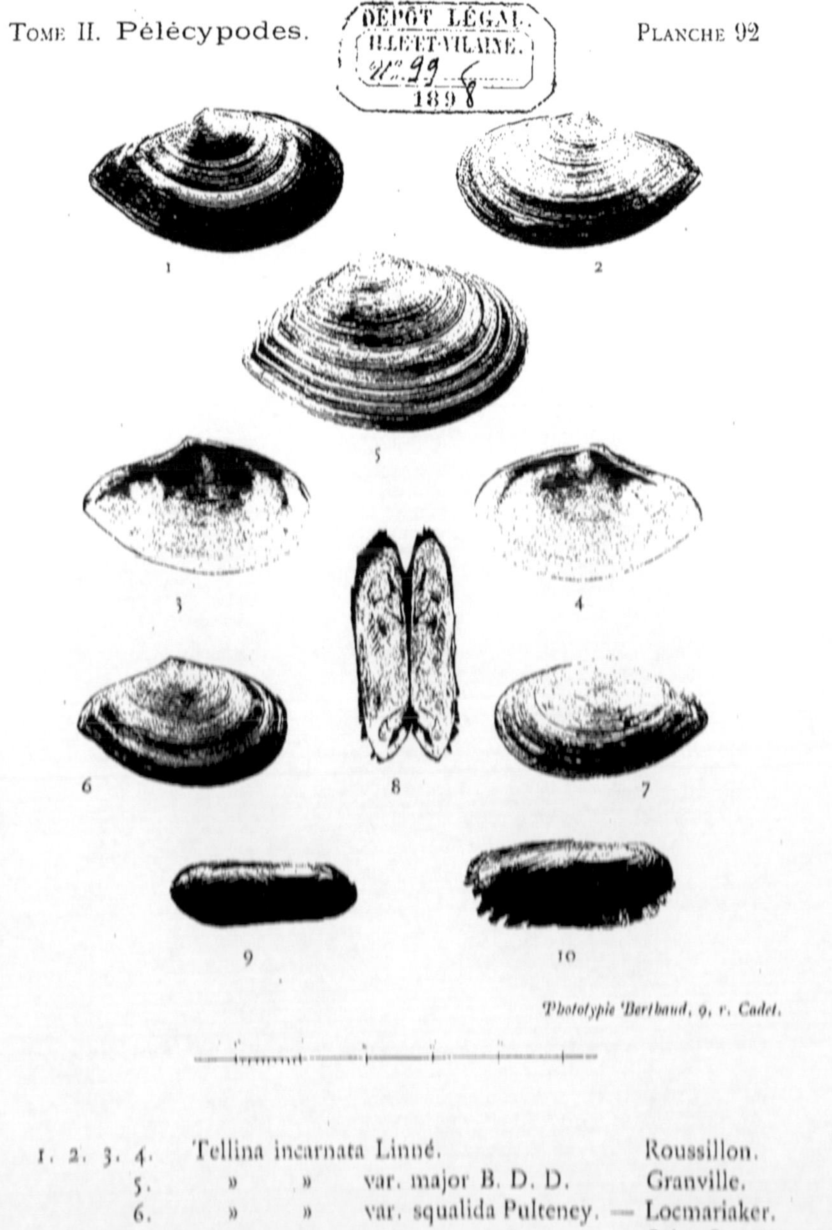

Phototypie Berthaud, 9, r. Cadet.

1. 2. 3. 4.	Tellina incarnata Linné.	Roussillon.
5.	» » var. major B. D. D.	Granville.
6.	» » var. squalida Pulteney. —	Locmariaker.
7.	» » » »	Saint-Lunaire.
8. 9. 10.	Solenomya togata Poli.	

Bucquoy, Dautzenberg & G. Dollfus.

MOLLUSQUES MARINS DU ROUSSILLON

TOME II. Pélécypodes. PLANCHE 93

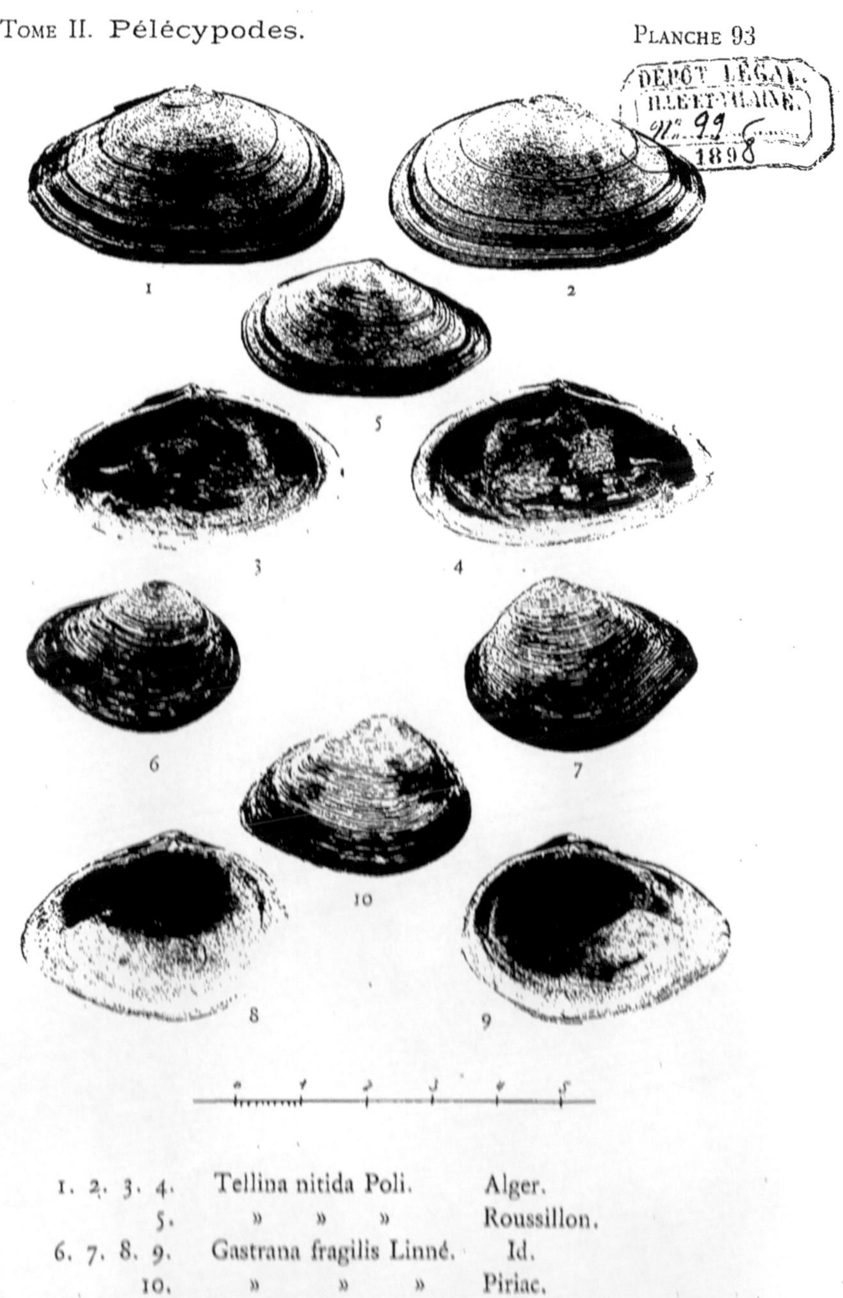

1. 2. 3. 4.	Tellina nitida Poli.	Alger.
5.	» » »	Roussillon.
6. 7. 8. 9.	Gastrana fragilis Linné.	Id.
10.	» » »	Piriac.

Bucquoy, Dautzenberg & G. Dollfus.

MOLLUSQUES MARINS DU ROUSSILLON

Tome II. Pélécypodes. Planche 94

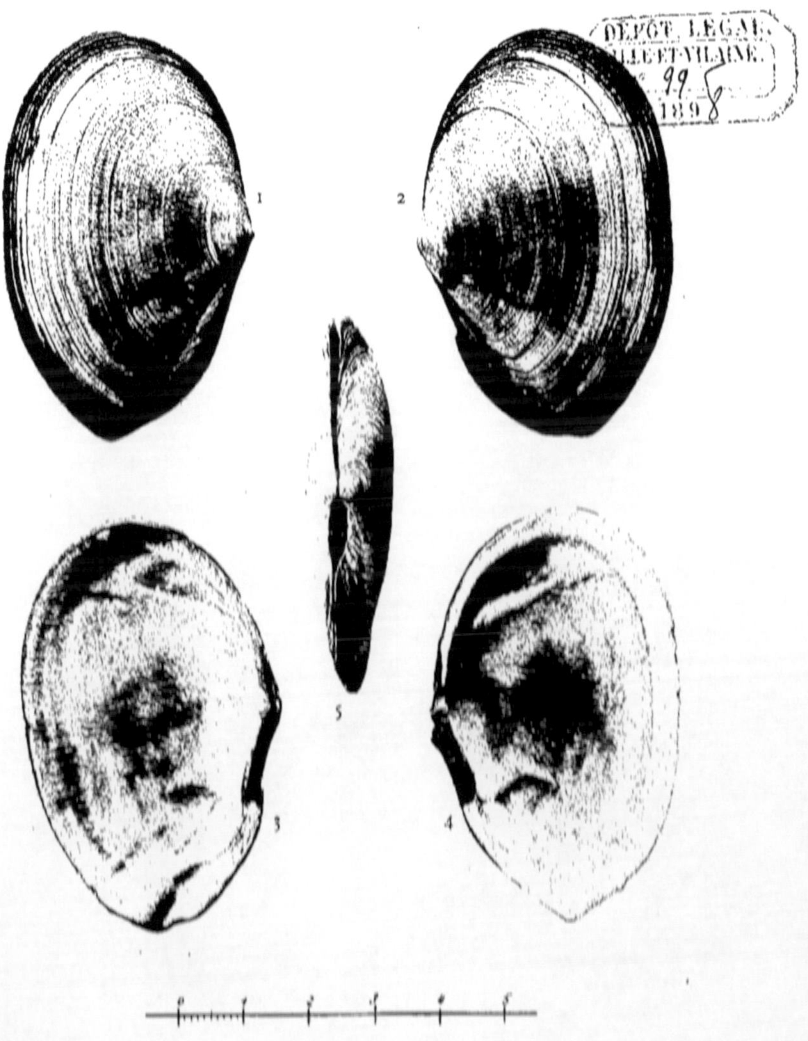

1. 2. 3. 4. 5. Tellina planata Linné.

Bucquoy, Dautzenberg & G. Dollfus.

MOLLUSQUES MARINS DU ROUSSILLON

TOME II. Pélécypodes. PLANCHE 95

1. 2. 3. 4.	Tellina tenuis Da Costa (type).	Pouliguen.
5. 6.	» » var. minuta B. D. D.	Roussillon.
7.	» » var. maxima B. D. D.	Saint-Pair.
8. 9.	» » var. brevior B. D. D.	Id.
10.	» » var. pudibunda Monterosato.	Pouliguen.
11.	» » var. exigua Poli.	Roussillon.
12. 13. 14. 15.	» » » » »	Cette.
16. 18. 19.	» » var. commutata Monterosato. —	Viareggio.
17. 20.	» » » » »	Roussillon.

Bucquoy, Dautzenberg & G. Dollfus.

MOLLUSQUES MARINS DU ROUSSILLON

TOME II. Pélécypodes. PLANCHE 96

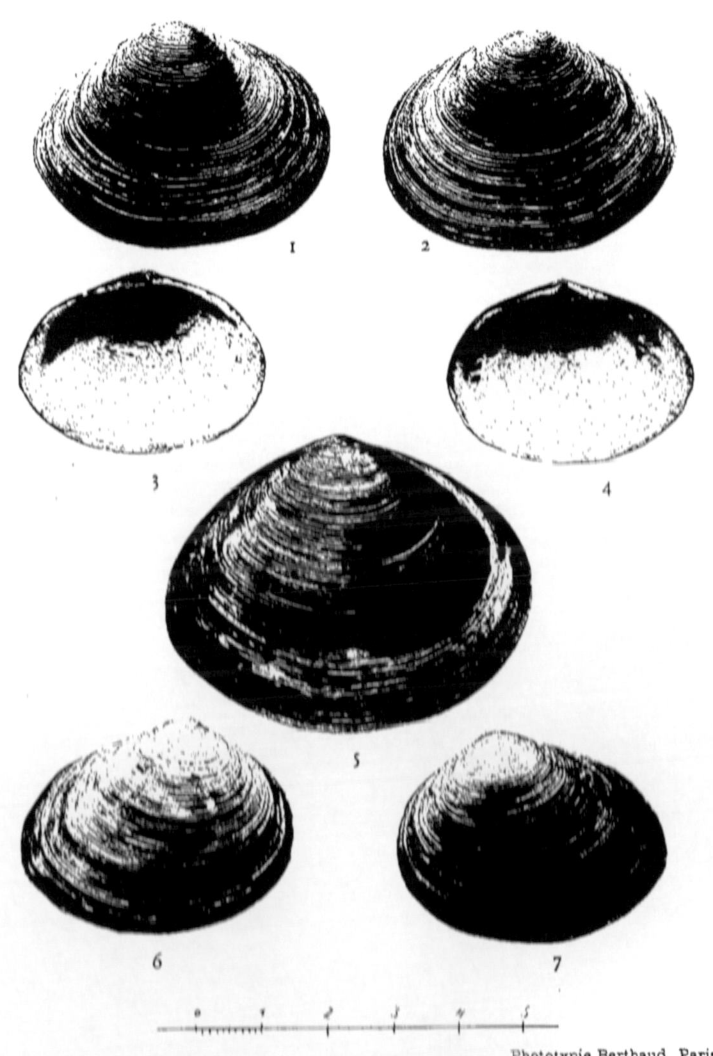

Phototypie Berthaud, Paris.

1. 2.	Scrobicularia plana Da Costa (type)	Arcachon.
3. 4.	» » »	Cette.
5.	» » var. major B. D. D.	Manche.
6. 7.	» » var. obliqua B. D. D.	Cette.

Bucquoy, Dautzenberg & G. Dollfus.

MOLLUSQUES MARINS DU ROUSSILLON

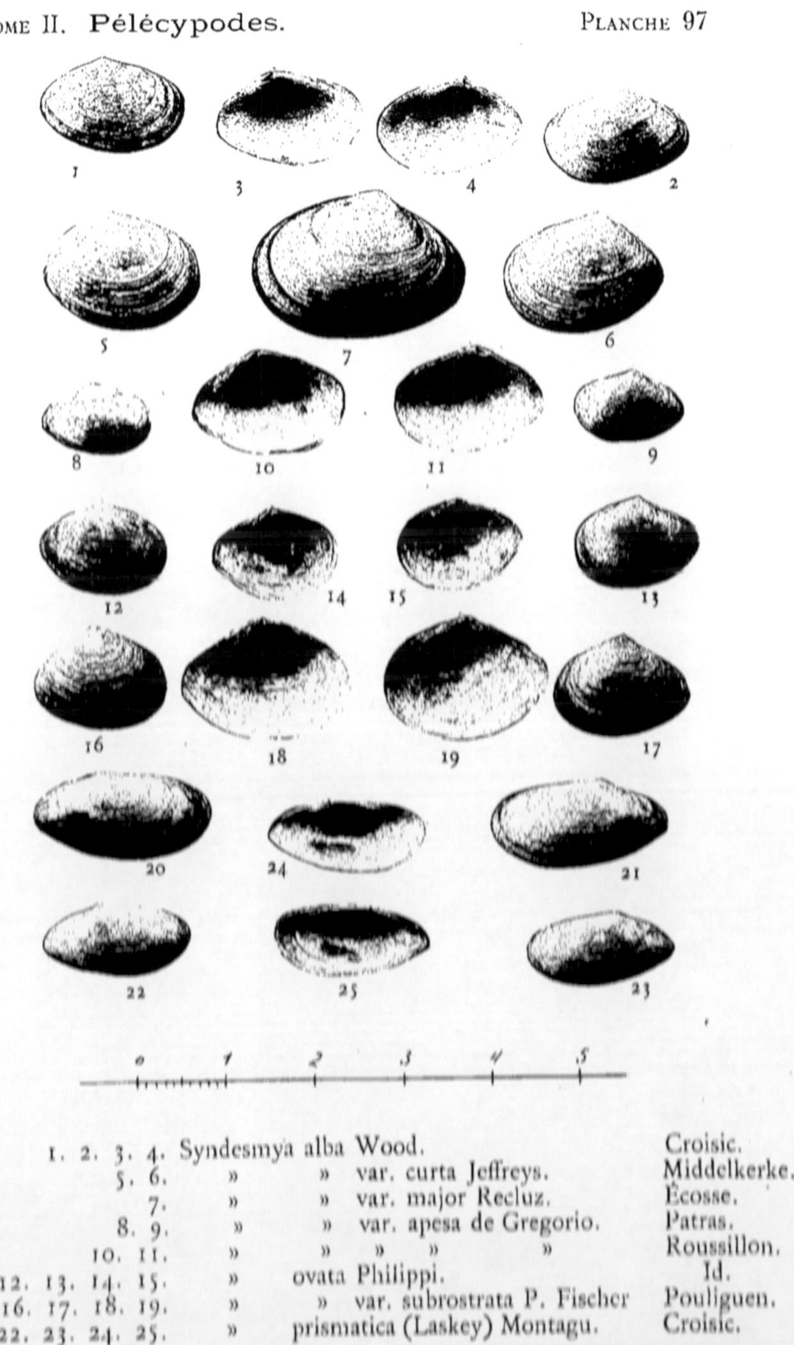

1. 2. 3. 4. Syndesmya alba Wood. — Croisic.
5. 6. » » var. curta Jeffreys. — Middelkerke.
7. » » var. major Recluz. — Écosse.
8. 9. » » var. apesa de Gregorio. — Patras.
10. 11. » » » » » — Roussillon.
12. 13. 14. 15. » ovata Philippi. — Id.
16. 17. 18. 19. » » var. subrostrata P. Fischer — Pouliguen.
20. 21. 22. 23. 24. 25. » prismatica (Laskey) Montagu. — Croisic.

Bucquoy, Dautzenberg & G. Dollfus.

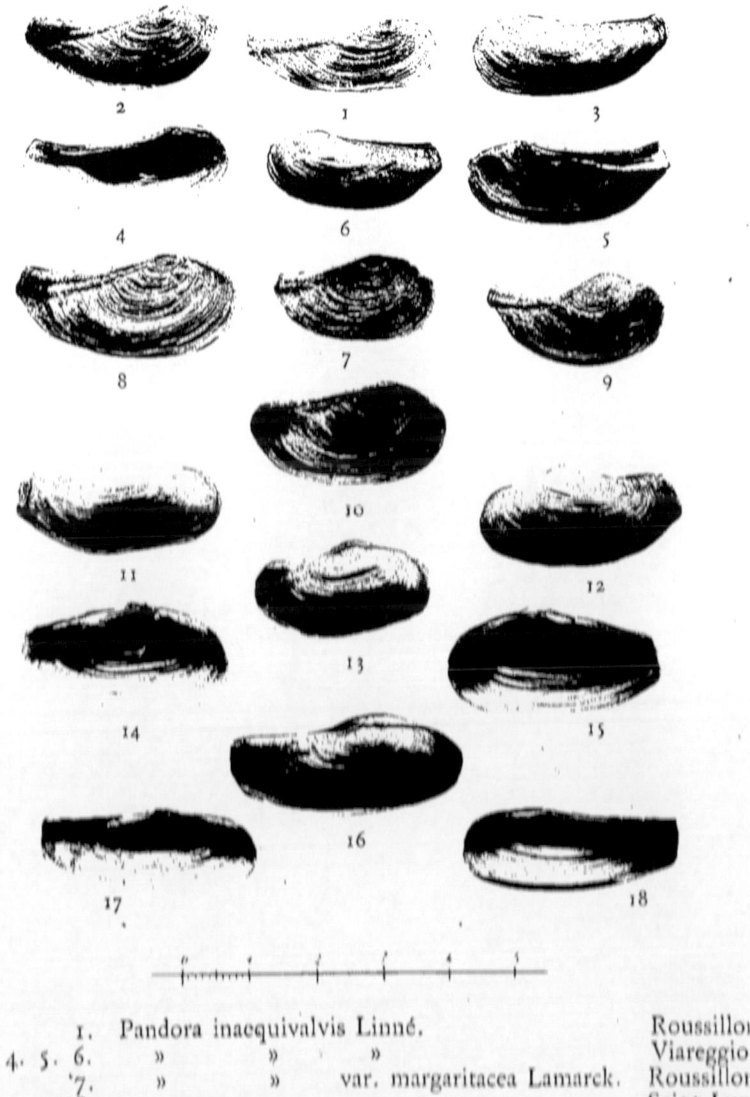

1.	Pandora inaequivalvis Linné.		Roussillon.
2. 3. 4. 5. 6.	» » »		Viareggio.
7.	» »	var. margaritacea Lamarck.	Roussillon.
8.	» »	»	Saint-Lunaire.
9.	» »	»	Brest.
10.	» »	»	Villers-sur-Mer.
11. 12.	Lyonsia norvegica Chemnitz.		Saint-Lunaire.
13. 14. 15.	» » »		Pouliguen.
16.	» »	var. coruscans Scacchi.	
17. 18.	» »	»	Roussillon.

Bucquoy, Dautzenberg & G. Dollfus.

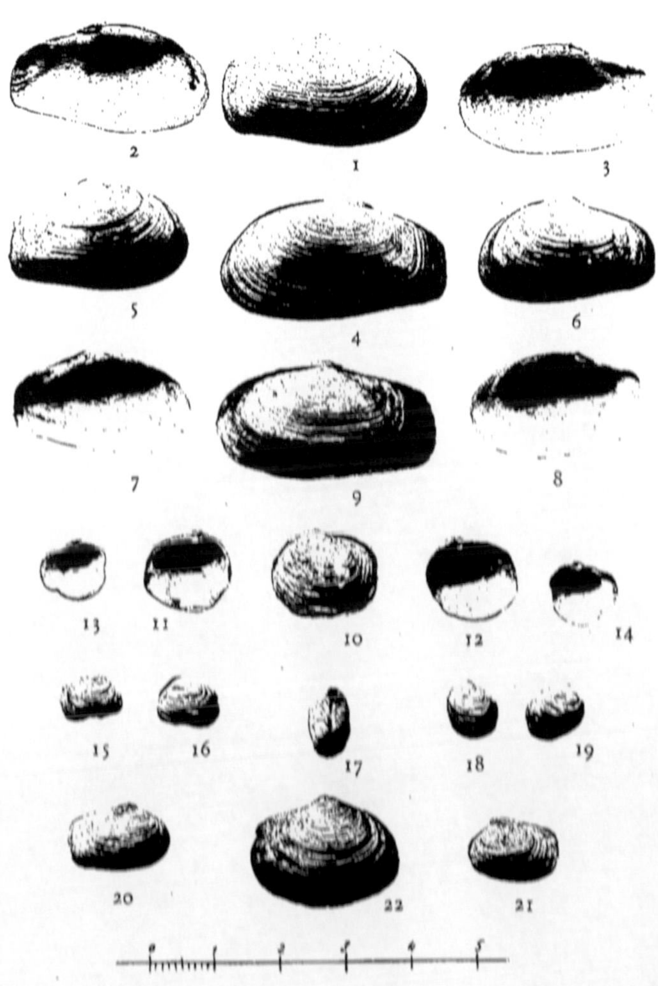

1.	Thracia papyracea Poli var. villosiuscula Brown.	Roussillon.
2. 3. 4.	» » » » »	Viareggio.
5. 6. 7. 8.	» » » » »	Villers-sur-Mer.
9.	» » » » »	Cette.
10. 11. 12. 13. 14. 15. 16. 17. 18. 19.	Thracia distorta Montagu.	Croisic.
20. 21.	Thracia distorta var. truncata Turton.	Id.
22.	» myalis Beck.	Islande.

Bucquoy, Dautzenberg & G. Dollfus.

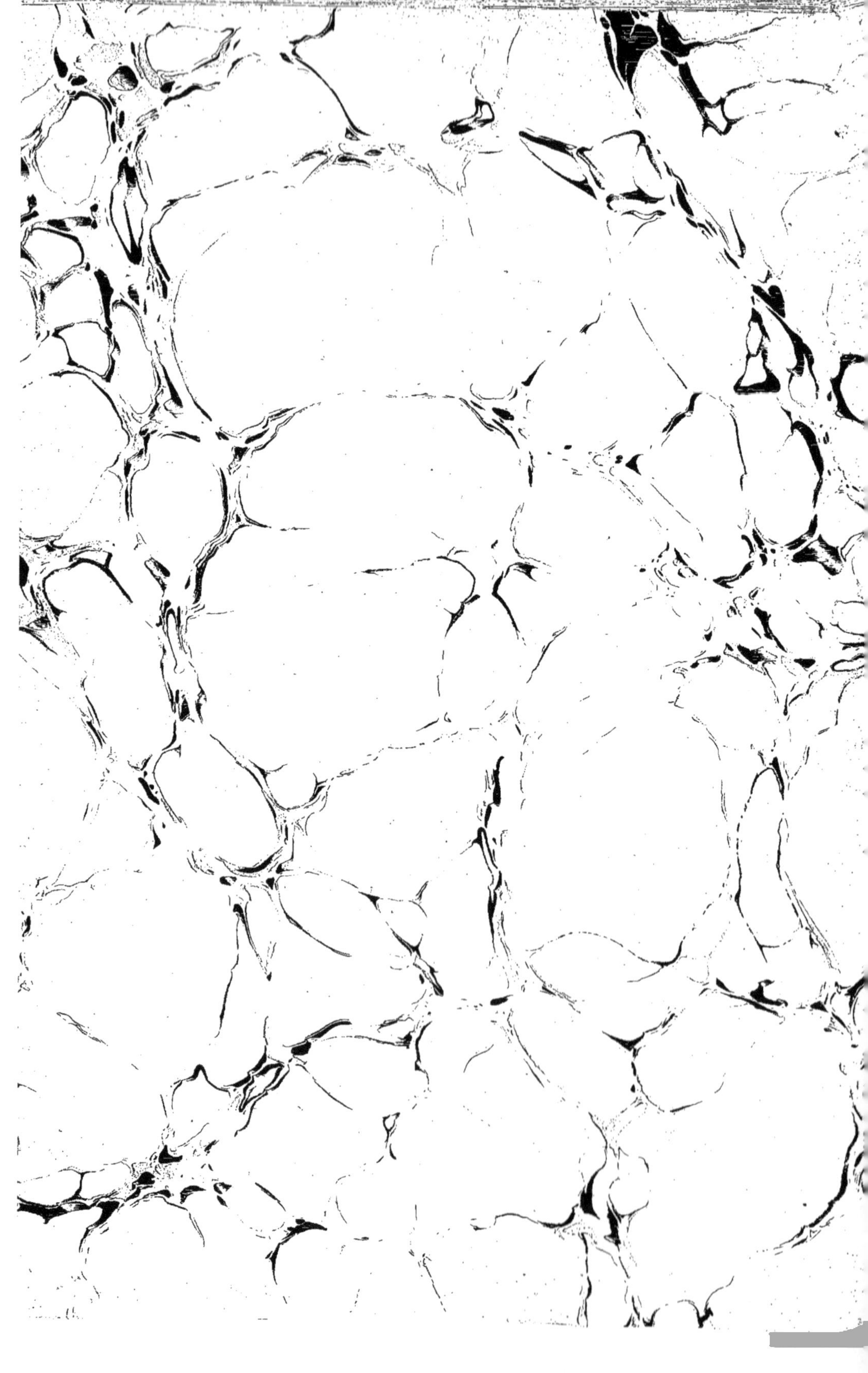

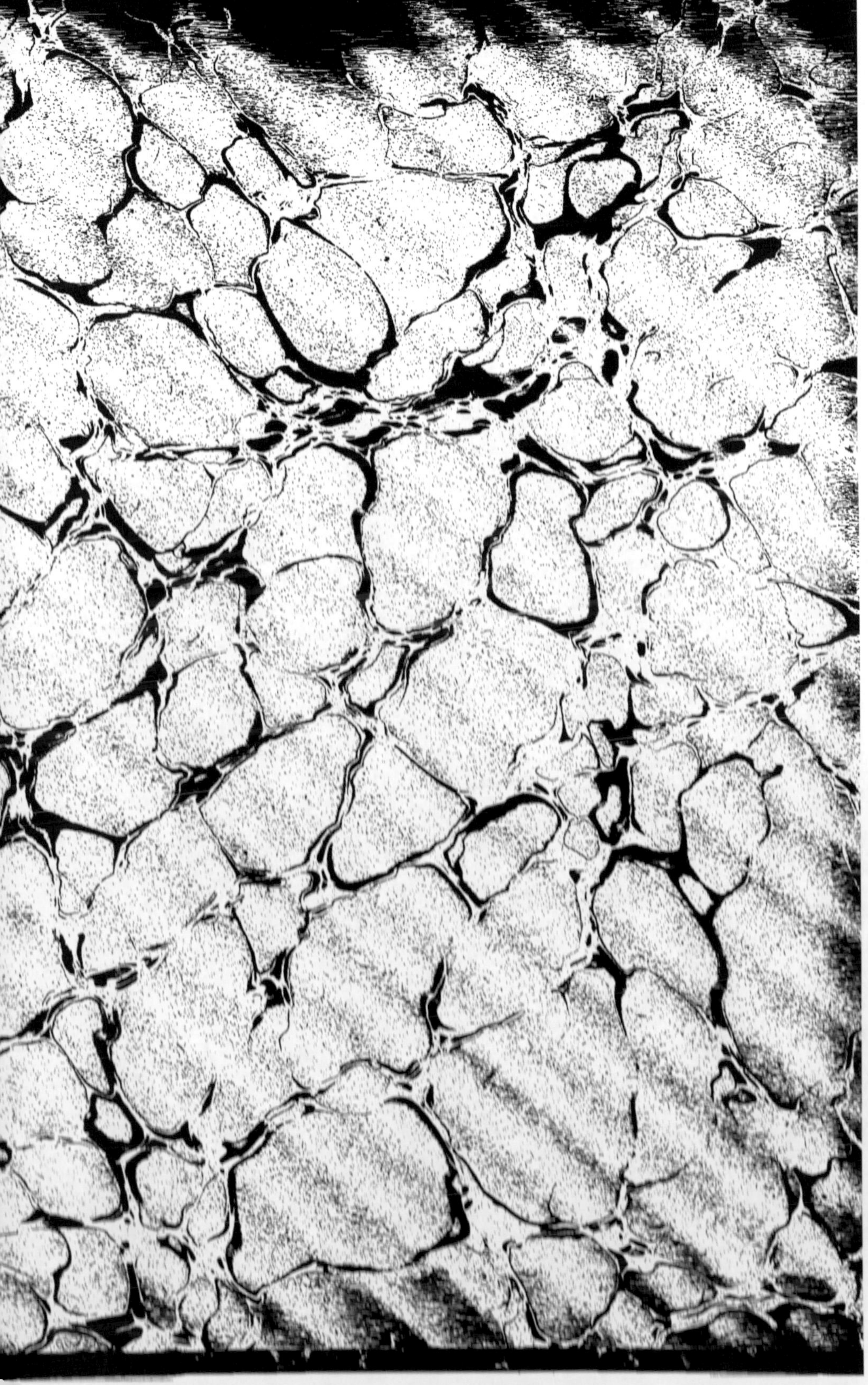

BIBLIOTHEQUE NATIONALE DE FRANCE
3 7531 01362050 6

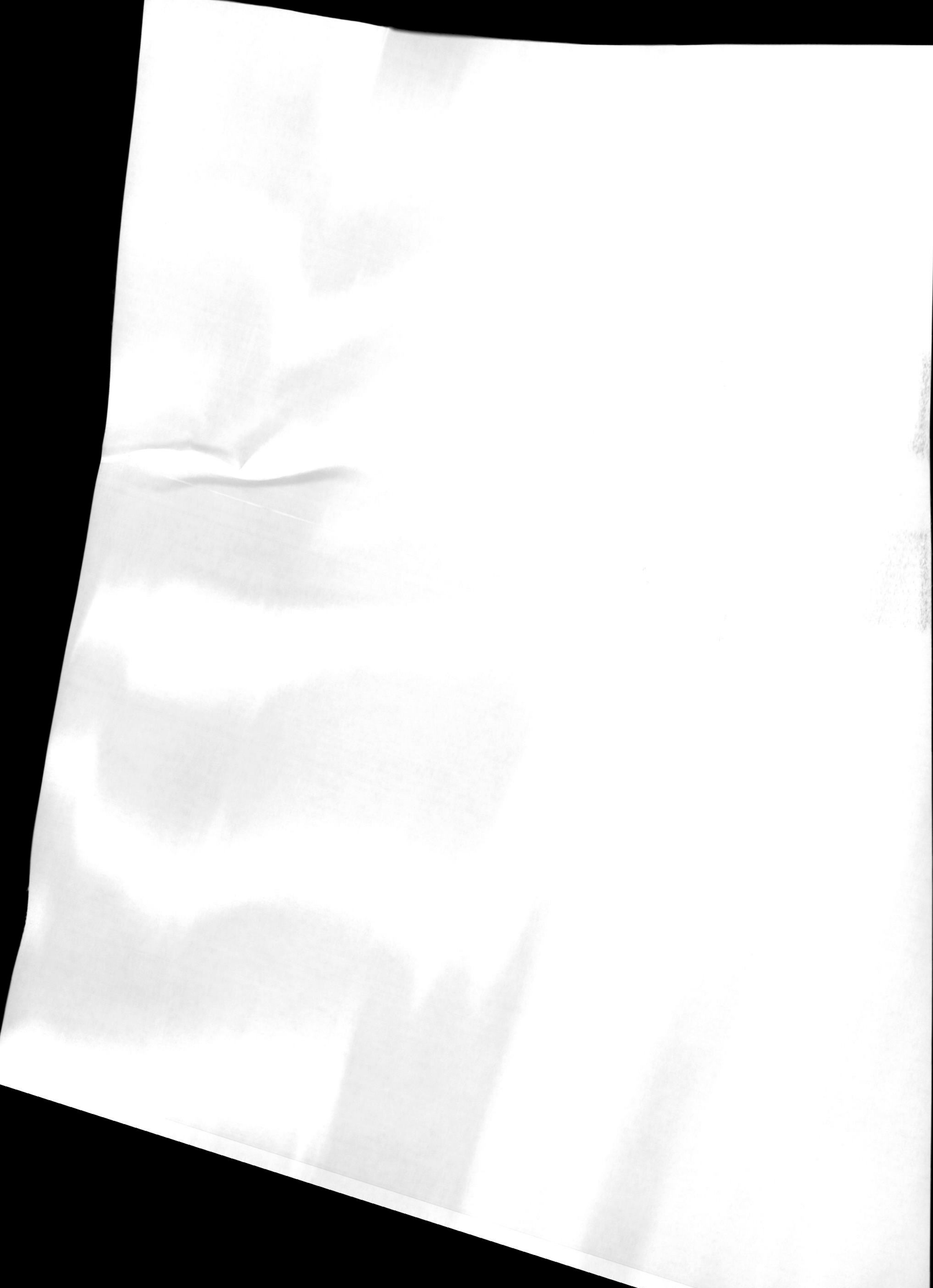

www.ingramcontent.com/pod-product-compliance
Ingram Content Group UK Ltd.
Pitfield, Milton Keynes, MK11 3LW, UK
UKHW020458200726
13857UKWH00002B/752

9 782012 865952